国家重点研发计划资助(2016YFB0502104)

室内多维动态通道网络构建与室内应急导航应用

王行风　马洪石　薛　磊　宋效香　著

中国矿业大学出版社
·徐州·

内 容 简 介

随着室内定位技术的发展，室内位置信息的融合与应用成为室内地理信息系统(GIS)研究的热点之一。本书针对室内外统一寻径这一现实问题，以室内路网构建作为研究对象，在分析室内区域功能的基础上，明确室内单元类型，基于空间感知规律，通过层次认知的方式简化路径复杂度以满足语义分析以及寻径需求，构建能够刻画室内路网层次特征、满足寻径计算精度以及效率的室内多维路网模型，为面向导航的室内应用奠定了基础；并从室内应急疏散寻径与导航需求出发，通过对场景的特点分析，基于计算机三维技术结合行人行为算法构建应急疏散模型，在验证模型真实度的基础上，探讨面向应急场景的室内疏散路线规划以及优化方案，以期能够给疏散预案制定以及管理者疏散决策等提供可靠的依据。

图书在版编目(CIP)数据

室内多维动态通道网络构建与室内应急导航应用/王行风等著. —徐州：中国矿业大学出版社，2022.1
ISBN 978-7-5646-4971-5

Ⅰ. ①室… Ⅱ. ①王… Ⅲ. ①无线电定位②无线电航 Ⅳ. ①TN95②TN96

中国版本图书馆 CIP 数据核字(2021)第 037942 号

书　　名 室内多维动态通道网络构建与室内应急导航应用
著　　者 王行风　马洪石　薛　磊　宋效香
责任编辑 周　红
出版发行 中国矿业大学出版社有限责任公司
(江苏省徐州市解放南路　邮编 221008)
营销热线 (0516)83884103　83885105
出版服务 (0516)83995789　83884920
网　　址 http://www.cumtp.com　**E-mail**:cumtpvip@cumtp.com
印　　刷 广东虎彩云印刷有限公司
开　　本 710 mm×1000 mm　1/16　**印张** 9.25　**字数** 181 千字
版次印次 2022 年 1 月第 1 版　2022 年 1 月第 1 次印刷
定　　价 41.00 元
(图书出现印装质量问题，本社负责调换)

前　言

随着城市空间立体化开发进程的加速，室内空间应用的总规模大幅增加，室内环境越来越复杂。同时伴随着物联网感知定位技术的发展，面向室内寻径与导航应用需求越来越受到关注，导航由室外进入室内成为室内应用进一步发展的必然。

基于大型场馆的应急救援与寻径导航亟须室内外GIS共同参与以提供全新的技术支持，室内外路网构建已成为室内外位置信息融合应用的重要课题和关键技术，传统的导航应用主要集中于室外区域，室内路网构建多在借鉴室外寻径与导航相关成果的基础上展开，多直接把室外网络模型的研究成果引入室内空间。这些模型或是室外网络模型的简单借鉴，或多局限于理论方面的探讨，或缺乏切实有效的建模方法支撑。因此，室内网络模型的构建尚有很多问题有待进一步研究。

本书以室内多维路网模型的构建作为研究目标，以作者参与的科研项目（国家重点研发计划“室内混合智能定位与室内GIS技术”，编号：2016YFB0502104）的研究成果为基础，在顾及人的室内心理认知行为特点的基础上，从语义层面分析室内空间逻辑构成，剖析室内单元之间拓扑关系，综合考虑和概括室内路网结构和特征，探讨室内多维路网模型构建、分层以及优化策略，以提高室内复杂环境的路径引导效率，从而服务于不同寻径需求，并重点针对应急疏散情况的寻径和导航需求，围绕室内疏散场景中多出口多房间特点，从疏散模型构建、疏散行人数据分析以及疏散出口分配优化三个角度开展应急疏散模拟与应用的相关研究，以期为突发事件中疏散预案制定与疏散布防布控提供理论依据及支持。

本书是在梳理和总结个人多年从事室内GIS和移动GIS研究理论及实践的基础上所完成的。寻径、导航与应急疏散研究是众多学者关注的热点之一，众多专家深耕细作多年，成果卓著。由于笔者对该方面的涉猎较晚，诸多环节尚待完善。

全书共分7章，王行风编写第1章至第5章，薛磊编写第6章，马洪石编写第7章。在全书写作过程中，得到了中国矿业大学环境测绘学院汪云甲教授的关心和支持；在项目的研究过程中，得到了中国科学院地理科学与资源研究所陆峰研究员、张恒才老师的悉心指导；研究生何昶序、郑媛媛等在资料收集整理、系统开发以及计算机制图等方面做了大量的工作，宋效香女士在模型构建、计算机制图等方面给予了大力协助。在此，谨向他们表示真挚的感谢。在笔者写作过程中，参考了许多专家学者的论著以及科研成果，在书中对引用部分一一做了注明，但是仍恐有挂一漏万之处，诚请多加包涵。

由于笔者能力有限，才疏学浅，书中不足在所难免，恳请广大同仁批评指正。

著　者

2021年3月

目　录

1 绪　论

随着城市室内空间应用规模大幅增加，人员在大型场馆的活动日益增多。面向大型场馆等室内空间的应急救援与寻径导航亟需室内外 GIS 共同参与以提供全新的技术支持，室内外路网构建与导航应用已成为室内外位置信息融合应用的重要课题。

1.1 研究意义

1.1.1 室内 GIS 是 GIS 研究的重要内容之一

近年来，随着我国经济社会的高速发展，城市人口急剧增长，城市化步伐不断加快，大型公共建筑的数量也与日俱增。大型的商业建筑、公共建筑，以及由铁路、航空等交通运输发展带来的火车站、机场等大型综合交通枢纽的建设，甚至一些新兴的城市大型商业综合体都如雨后春笋般竞相出现，类似于上海迪士尼乐园、天津欢乐谷等主打休闲娱乐的建筑群体在建造规模上更加庞大，结构设计更加复杂，在人们的喜爱和追捧中逐渐成为现代城市的重要组成部分。城市室内空间应用规模的大幅增加，使得人们越来越多的社会活动和日常生活都依赖于室内场地，这些场地不仅占地面积广，楼层数目多，而且内外部结构复杂多变，在提高人们生活质量的同时，也带来了巨大的安全隐患。这些建筑物一旦发生突发事故，由于室内信息不明确、环境不熟悉以及群众恐慌心理等，有很大可能会发生人员疏散困难、应急响应速度减慢、灾情控制不及时等情况，从而造成人员和财产的严重损害。人们渴望拥有一个既可以实时定位，提供室内位置服务，又可以在复杂室内空间进行三维路径导航，提供室内分析服务的系统。

地理信息系统(GIS)，是对地理环境相关问题进行分析和研究的一种空间信息管理系统，它侧重环境的表达、信息管理及空间分析。在各行业的纵深应用以及对地理信息的迫切需求下，GIS 得到了快速的发展。随着 GIS 社会化的发展，人们对地理空间的探索已经由室外进入室内，室内 GIS 作为室内位置服务的基础，其重要性逐渐被认识、重视。室内位置服务商业化需求强烈，具备产业化的基础，与室内 GIS 相关的理论探索和应用研究已经成为 GIS 研究的焦点[1]。

1.1.2 应急疏散与模拟是室内 GIS 应用的关注重点

公共室内场所作为承担着人们娱乐、学习、办公、商务、体育等活动的主要载体，其规模体量越来越大，结构越来越复杂。室内场所具有封闭性、空间大、人群高度集中、人流量大等特点[2]，因而一旦发生灾害事件如人群拥挤踩踏，造成财产损失的同时更有可能对人的生命有极大的威胁[3]。例如，2010 年德国杜伊斯堡市电子音乐节地下通道内发生踩踏事故，导致 21 人死亡、500 多人受伤[4]；2013 年，在莫斯科地铁站内发生电缆短路产生大量浓烟，造成恐慌导致 300 多人受伤；2014 年上海外滩陈毅广场，因故意撒钱发生踩踏事件导致 36 人死亡、49 人受伤[5]；2015 年，福建省宁德市菊池大厦发生火灾，造成 104 人受伤。一旦人群聚集场所发生事故、突发事件或骚乱时，由于空间有限而人群又相对集中，人群的疏散流动被局限，人群中又普遍存在着从众心理及恐慌心理等因素，疏散效率很容易因此而显著降低，这往往促使事故后果进一步扩大，导致人员伤亡、踩踏事故等[6]。因此，对人员疏散时面临的特殊事故场景、心理行为及疏散规律特征进行研究分析，为公共场所疏散设计的优化、安全疏散应急管理对策的制定、突发重大事故的处置等提供理论支撑和指导，具有十分重大的意义。

为了及时应对突发事件造成的后果，最直接的方法便是通过演习演练提前做好疏散措施，准备好预案并发现问题，在此基础上进行改正。但这种方法存在着很多缺点[7,8]：第一，进行演练时消耗大量人力物力，且聚集大规模人群实现起来困难；其次，演练只是假想的情况，演练人群难以代入完全符合紧急疏散的情景下，无法真实还原发生突发事件时的情形，与实际存在一定差距；最重要的是，若要模拟真实的紧急状态，在实验过程中一旦失控导致新的伤亡事故发生，则得不偿失。通过上述分析，演习实验不能作为研究疏散问题的主要手段。随着计算机技术的发展，更多的研究人员开始使用计算机作为疏散仿真的工具，以更好地观察行人疏散过程中的问题，并从观测数据中找到疏散过程中的规律。在计算机仿真技术中,可以通过场景人物建模、建立虚拟空间等手段来进行模拟研究,不受场景规模、人数的限制。同时可以通过提取现实生活中灾难事故发生时的参数信息、行人行为特征参数,实现对重大事故下疏散仿真的模拟,避免复杂的人群建模过程。因此,通过仿真手段模拟研究人群疏散的行为规律,对在紧急情况发生时人群的疏散具有重大的现实意义,其与室内应急疏散相关的技术成为室内 GIS 应用的关注重点。

1.1.3 室内路网构建是室内应急导航服务得以实现的关键技术

针对突发事件情况下的室内空间人员的有效疏散,国内外专家学者从室内场景构建、疏散模型、应急疏散仿真、行人行为控制、群体行为心理以及疏散路径规划评估等诸多方面展开了研究,并在此基础上探讨不同场景下的应急疏散预案设计与优化,并明确指出,在应急响应中及时获取人员的实时位置并结合动态上下文进行室内应急导航是快速疏散和施救的关键。但对室内人员进行实时定位疏散导航时,需要考虑用户的特点及偏好,如移动障碍、视觉障碍、认知障碍和老人等不同类型用户对导航需求的差异。此外,在室内应急环境中存在人员分布密度、人员类型、道路类型、道路危险系数、照明情况、灾害蔓延与波及范围、消防资源、人员实时位置等多种静态、动态上下文信息,这些上下文对应急响应环境中实现实时疏散导航和辅助决策具有重要作用。而且随着时间的改变,这些上下文信息也会发生变化,疏散导航需求也会因此而发生变化。传统的导航应用主要集中于室外区域,很少有导航系统能够结合应急响应环境中多种上下文并针对不同类型用户提供个性化、智能化的疏散导航和辅助决策服务。因此,构建详细、多维的室内空间精细模型以及面向室内空间的多维动态路网已经成为室内应急救援与寻径导航应用的重要课题。

1.2 国内外研究现状

2000 年以来,随着位置服务需求由室外转向室内,室内 GIS 的重要性被越来越多的学者关注。因为人们对室内位置服务商业化的需求越来越强烈,故与室内 GIS 相关的技术如室内地图、室内三维模型、室内导航、应急疏散研究以及室内空间数据挖掘等受到了关注[9,10]。

1.2.1 室内地图

室内地图是室内定位和导航的基础，也是室内导航设备的主要人机接口，室内地图的表达效果直接影响室内空间信息的传输效率[11,12]。传统的导航应用主要集中于室外区域，技术上则主要利用二维矢量地图或二维影像来实现。自 2011 年，Google 将许多大型建筑的室内数据添加到系统中，实现了室内地图的导航和查询功能以来，许多地图服务平台和厂家都先后推出了室内地图服务，开始关注室内地图的设计、表达与应用。例如国外的 Google Map、HAIP、Aisle411、FastMall、Meridian、PointInside……，国内的 Baidu Map、高德、点道、图渊、智慧图、IndoorStar、掌尚科技、寻鹿、积米等地图供应商都不同程度地提供了室内电子地图功能。这些室内地图多限于二维平面地图，虽然部分产品初步实现了添加三维兴趣点模型的功能，但基础底图依然是采用二维矢量地图进行展示，信息量有限、表现手法单一，缺少直观性，对用户的室内活动帮助不大。在室内复杂环境下，尤其是在多层大型建筑物内部，这种基于二维矢量/栅格的导航地图往往因为不够直观，而难以为用户提供快速理解周边环境及所处方位的足够信息。

与室外地图相比，室内以建筑物为制图对象，关注的是小区域、高精度、精细化的内部要素展现，而且需要更多的交互性和实用性来满足需求[13]。

随着虚拟现实(VR)和增强现实(AR)技术的发展，主流地图服务平台如 Bing Maps、谷歌地图以及国内的 Baidu 地图和高德地图等，不仅能提供二维的地图数据，还可以提供三维场景信息，如图 1-1、图 1-2 所示。

游天、李强和邓晨等在总结当前研究和应用的基础上，从室内空间整体轮廓、单楼层和多楼层叠加 3 个层次对室内空间轮廓、室内通道要素、室内空间单元的表达方法进行了研究与实践，重点探讨了三维室内地图的表达和应用。通过三维室内地图，用户可以对室内空间从整体到局部进行全面了解，满足室内地图应用和导航的需求，从而提高人们对室内空间的认知效果，推动了三维室内地图设计领域的发展[14]。危双丰等则对二三维一体化地图的设计与实现进行了探讨[15]；邓晨等在总结和借鉴当前研究成果的基础上，以提高室内地图符号设计效果、丰富和创新室内地图表达方式为目的，对室内地图要素分类分级方法、三维非仿真符号设计思想及其应用价值进行总结与论述，给出了面向移动终端的室内地图二三维要素符号化整体思路，提出了地图综合表达与应用的新模式[12]。

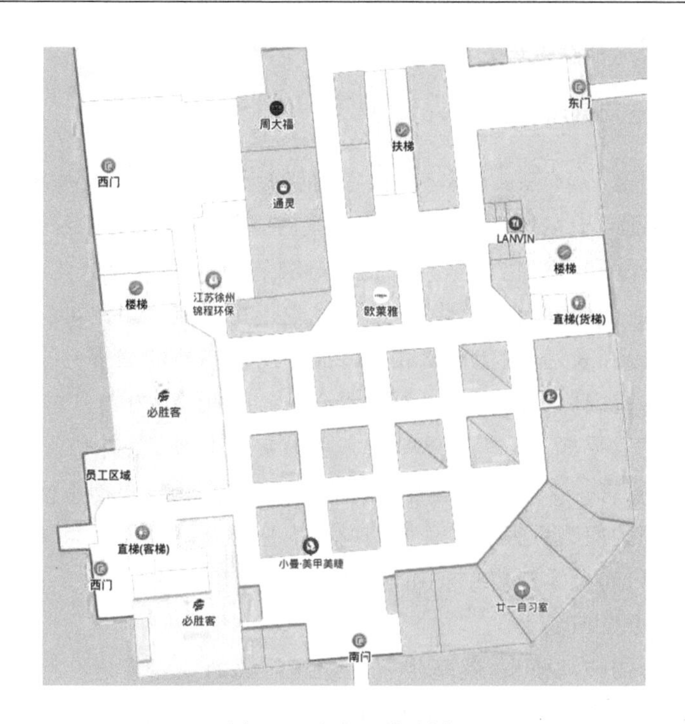

图 1-1　室内二维地图

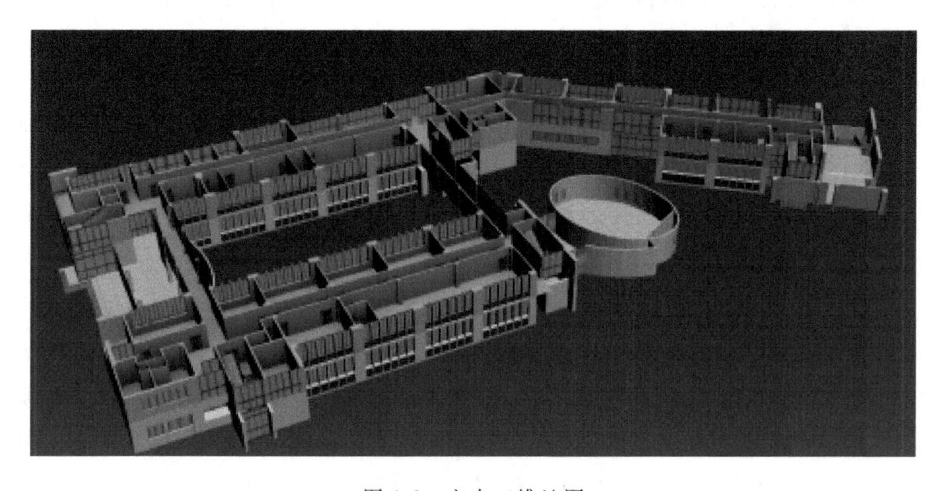

图 1-2　室内三维地图

随着现代科技的发展以及室内应用的产业化进程，室内地图进入了发展的快速轨道，部分学者将室内地图设计原则的重心由基于“物”转移到了基于人的“体验与感受”，符合人类思维、感受及认知的理论与应用的室内地图研究成为当前室内地图设计发展的新趋势[16]。

1.2.2 室内空间网络模型

室内空间是一个三维立体空间，室内路径规划问题应该基于三维路径网络，室内空间不同于室外空间，构成整个室内空间的空间对象都可能影响室内网络模型的构建和可视化显示，进而影响路径生成结果，导致用户出现行为偏差，这些影响在面向室内突发情况时，会体现得更明显。因此，如何对室内空间进行划分、抽象和表达，构建包含几何特征和属性特征的三维网络模型，在此基础上进一步做室内路径规划值得深入研究[17]。目前，国内外在构建室内网络模型领域的研究成果颇丰，很多原理和方法被提出和实现，并应用于各种领域。但是，目前并没有一个室内网络模型能适用于所有领域，根据不同需求和应用，可以选择不同的模型。根据各种模型的表现形式，室内网络模型大致可以分为符号空间模型、对象实体模型和几何空间模型三类[18-21]。

1.2.2.1 符号空间模型

基于符号的空间模型，就是将室内空间对象抽象为特定符号实体（符号实体的几何形状与空间对象本身的几何形状无关），空间对象间的关系抽象为符号实体间的拓扑关系，如邻接关系、连通关系、包含关系等。符号空间模型根据表示方法的不同又可分为：基于集合的模型、层次模型以及基于图的模型[8,22,23]。

基于集合的模型将空间对象简化为空间标识，按照对象间的包含关系将对应空间标识组织成集合，最后形成一个树状结构的空间模型。这种方式能存储位置、范围等定性信息，不能存储坐标、距离等定量信息，因此不适用于高精度的室内路径规划。

层次模型其实是集合模型的一种，但是层次模型在表达空间对象位置结构和包含关系时更清晰明确。层次模型的缺点在于不能描述连通关系和存储量化距离。为解决层次模型的缺点，Li 提出一种基于格子结构的语义位置模型[24]和一种基于拓扑的面向室内导航的语义位置模型[25]，该模型通过表达位置之间的拓扑和距离语义，可以支持多个实体之间的连通关系及量化距离表达，从而支持基于范围查询和基于最近邻关系查找最优路径等。Lu 等提出了一种能够无缝集成室内距离的距离感知室内空间模型[26]，并开发了附带的高效算法，可以计算不同室内实体（如门和位置）的室内距离。

基于图论的网络模型是根据图论中节点-弧段方式，构建室内实体对象及其之间的拓扑关系。将所需空间对象抽象为节点，例如房间、走廊、门、兴趣点等，将空间对象之间的空间关系抽象为边。李瑞琪[27]将三维建筑物进行平面拓展处理，将不同空间单元连接处抽象为空间传送点，同一空间单元的要素抽象为节点，将这些节点连接起来构成水平通道和空间连接通道，并在此室内路径网络中研究了路径优化问题；刘毅[28]等将传统的四边形网格用六边形网格代替，使得移动到每个相邻网格的时间相同，构建了室内疏散路径网络模型，实现了火灾扩散与人群疏散同步进行，解决了火灾场景中疏散路径决策问题；李进[29]等以最短疏散时间为目标，建立了基于路径的网络流控制应急疏散模型，将源点的人员按照交通流用户最优平衡原理进行分组，得到最短疏散时间的合理疏散路径，解决了多源多汇且受容量限制的应急疏散问题。

1.2.2.2 对象实体模型

对象实体模型基于面向对象的思想描述室内空间元素（房间、门、窗户等）的数据类型和基本操作，以及室内空间元素间的相互关系。Kolbe 等[30]基于 UML 类图，将室内空间要素抽象为包含语义信息和几何关系的对象，依据对象间连接关系生成室内空间基本邻接图和连通图，进而支持室内空间查询分析；程宏宇[31]基于面向对象的思想，设计实现了一种三维实体模型及其数据结构组织，将其应用于复杂密集的城市三维空间分析，设计了相应的城市实体三维模型库，实现了模型的高效应用。对象实体模型可扩展性较好，室内空间元素很容易通过对象扩展增加删除，但在支持空间查询分析方面较弱，难以满足室内空间位置服务的多样化需求。

1.2.2.3 几何空间模型

几何空间模型中，室内空间对象的几何特性主要通过几何坐标来存储和表达，例如房间位置大小、走廊的形状距离、门窗位置等信息。根据几何空间方式的不同表达方式，该模型可划分基于空间单元划分的模型和基于边界表示的模型。

(1) 基于空间单元划分的模型

基于空间单元划分的模型将室内空间按一定标准，划分成有限的相互不重叠的小单元，根据划分方式和单元格选择标准的不同，可分为规则划分模型和不规则划分模型。规则划分模型是由形状和大小均相同的单元格组成的空间模型，格网模型、四叉树模型等是其中最常见的规则划分模型。Li 等[32]提出一种二维室内空间格网模型，格网中每个单元格的顶点都与邻近的 8 个顶点相连接，从而形成格网图；Song 等[33]提出了基于网格的用于构建地理空间对象的方法，并提出了相应的行人路径算法。为克服格网模型计算量大的缺陷，Hirt 在对格网模型进行层次化组织的基础上提出了四叉树模型[34]；Namdari 等[35]提出了在四叉树中创建路径的新方法，用以改善行进距离和路径平滑度；Ana 等[36]通过分析比较格网模型和四叉树模型，提出了新的 K-Framed 四叉树模型，用于确定最佳路径。

常见的不规则划分模型有不规则三角网模型、Voronoi 图模型等。不规则划分方式下，依据室内空间特点灵活调整单元格的形状、大小，避免了规则划分方式带来的冗余存储和计算代价，但这种方式无法提供精确的室内空间位置描述。

(2) 基于边界表示的模型

基于边界表示的模型将室内空间中房间、障碍物等空间要素的边界表示为基本几何形状的序列，例如点、线、面等。CAD、BIM、CityGML 等数据模型是几种常用的边界表示模型。侯继伟以 CAD 平面图为基础数据构建相应 BIM 模型[22]，在模型中存储建筑物的集合信息、属性信息、纹理信息等，并将其与 GIS 结合得到室内三维网络模型；蔡文文等[37]通过 IFC 与 CityGML 几何过滤和语义映射，将 GIS 模型数据与 BIM 集成，实现了室内外一体化应用，为大型室内场所的应急疏散和导航定位等需求提供服务；叶梦轩[38]为解决室内网络模型缺乏真实性、手段繁琐等问题，提出了从 CityGML LOD4 自动构建室内三维网络的方法，增强了三维语义信息和几何信息的利用率，减少了二维平面映射建模，且自动化程度有所提高，并基于此室内模型进行了路径规划验证。几何空间模型的优势在于包含精确的位置信息，适合与绝对位置相关的应用场景，但是这种模型只能描述空间对象的基本结构，无法表达对象之间的拓扑关系和语义信息。虽然几何空间模型的位置检索方式较灵活，理论上讲可支持绝大多数空间关系推理以及距离、路径等计算，但往往效率较低。

1.2.2.4 存在问题

由以上分析可知，在室内网络模型构建中，大多数是基于二维道路网络，而且室内网络模型构建的方式和工具方面还没有统一的标准，传统研究中采用二维网络表达室内三维空间，只能表现某个层次，虽然能避免出现多楼层互相遮挡的问题，但是呈现方式较为单一且切换繁杂，可视化程度差，特别是应用于应急疏散路径规划时，可能会造成用户操作混乱、遵循指示错误等问题。因此在应用时，需要根据不同的数据来源和需求选择和构建不同的网络应用模型，室内网络模型需在以下方面进一步完善：

① 丰富度：丰富的空间信息和语义信息[39]才能为室内服务提供支持，比如

定位服务、查询服务、导航服务等。语义信息越丰富，室内空间模型越完整，模型实用性越好，用户体验性越高，这样能针对不同人群满足不同服务需求。建筑内部组件的属性信息、用途方式、从属关系等都属于语义信息，在实现路径规划和导航时提供多样化数据支持。

② 适用性：室内空间中，路径没有标准的规定和界限，人们在室内空间活动时，路线和方向看起来是杂乱无章随意产生的，实际又存在某些规律和内在联系。因此，在构建室内网络模型时，要充分考虑到人员的活动规律和轨迹分布规律，尽可能符合人员真实的行走习惯，这样的模型才能有更好的适用性[40]，基于此模型的室内空间服务才能更科学合理，满足实际需求。

③ 复杂度：数据的格式和类型以及三维路径的生成和存储，是影响室内空间模型构建复杂度的重要因素[41]，根据不同数据源和应用场景选择不同的构建方式，不仅可以节省研究人员的精力还能使模型更具针对性，更能符合不同应用需求，提高模型构建和使用效率。

1.2.3 室内应急疏散研究现状

1.2.3.1 人员行为研究

人员疏散仿真模型分为宏观和微观两类[42]，宏观模型是将个体模拟为连续流动介质，微观模型是把个体看成相互影响的粒子，通过赋予一定的智能、规则和属性，形成如元胞自动机(Cellular Automata)模型和智能体(Agent)模型等。

(1) 宏观仿真模型

宏观仿真模型主要应用于相关领域的早期研究，主要分为三类：流体动力学模型、排队网络模型以及流模型[43-45]。宏观仿真模型将人群当作气体或者流体，而不考虑其中个体的具体行为，具有简单、理论难度小、计算量低[46]的优点，但是由于宏观仿真模型不能表达出疏散人群中的个体状态、属性、特征以及个体间的相互影响，因此这类模型的实际应用范围有限。

(2) 微观仿真模型

与宏观仿真模型相反，微观仿真模型注重个体本身以及个体间的相互作用，分为离散型和连续型两种。

① 离散型仿真模型

建筑物平面空间被微小的网格划分后组成的模型称为离散型模型，离散型模型中的任意时刻，一个网格要么被个体或障碍物占据，要么为空。在模拟运行时，在每个相同长度的时间段内，个体根据周围环境和本身行为规则判断是否移动到相邻网格。离散型仿真模型的典型代表之一是元胞自动机模型，元胞自动机模型中空间被正方形网格划分，它以环境为中心建立，可以模拟复杂场景下的人员行为，仿真度较高。元胞自动机模型在研究交通流和人群流的模拟仿真领域中有很广泛的应用。很多研究者在现有理论中引入 Agent 概念，构建了基于 Agent 的仿真模型，用智能体代表能够感知周围环境的人员，使得人员在复杂环境运动时的仿真度有所提高。

② 连续型仿真模型

连续型仿真模型的特点就是人员参数具有连续性，比如人员的位置坐标、时间等，这些参数的变化和联系可以通过一组微分方程组描述，而如何建立一组符合场景要求的微分方程组是连续型仿真模型成功的关键，有了合适的微分方程组，只需要给出初始数值，模型就能得出相应模拟结果。

连续型仿真模型的典型代表之一就是社会力模型。社会力模型是在分子动力学理论基础上构建起来的，自驱动体(self-driven many-body)方法使得这种模型的模拟效果较逼真。人群中个体的特征参数，比如身体尺寸、体重、运动速度等都在模型中有所体现，而且个体间的相互作用，比如个体心理趋向性、绕过障碍行为、躲避退让其他个体的行为等，都能通过粒子间的相互作用来类比，在保证个体之间、个体与障碍物之间保持安全距离的条件下，较好地体现了人员的从众心理，充分考虑了个体运动的特异性和客观性。

杜学胜等[47]采用社会力模型，在 FDS＋Evac 软件中对人员疏散过程进行了模拟，对比分析不同人群的疏散时间，分析总结了最终疏散时间在不同安全出口宽度时的变化，和人员对安全出口的不同熟悉程度时的变化。李楠等[48]面向多出口疏散场景，改进了社会力模型，将个体间的相互作用力和个体的相对位置联系起来，将个体速度变化与时间变化联系起来，建立最优化模型并将其应用于多出口的体育馆场景中，模拟个体疏散过程。郑霞忠等[49]在社会力模型基础上，利用智能体技术构建面向地铁站的人群疏散模型，研究了突发事件时小群体行为对整体疏散效率的影响。焦宇阳等[50]改进了传统社会力模型模拟运行时人员会造成空间上重叠和无法躲避其他人员的缺点，通过下降速度心理力控制人员的减速行为，并在三维楼梯空间验证了模型的可行性。

1.2.3.2 疏散路径规划研究

(1) 疏散策略研究

突发事故发生时，应急疏散策略[51]能提供科学规范的理论支持和合理有序的救援工作指导依据。应急疏散策略是在海量实践经验和经验数据的基础上编制出来的，应用于可能发生的突发事件或灾害抢险救援的场景，应急疏散策略包括但不限于人员安全疏散路径、事故现场交通指挥、应急救援设备派遣等选择标准和处置原则，为实际应急救援行动提供全方位科学指导[52]。完整全面的应急疏散策略能增强各部门之间的协调沟通，提高救援抢险效率，降低人员伤亡和财产损失甚至环境破坏程度。

应急疏散策略大都是文本形式，形成过程多以人工编制为主，效率较低，制作周期长，且内容上有滞后性。科学技术的发展，使得应急疏散策略在形成的效率上和可视化展示方面都有了不错的进展。崔喜红等在引导策略基础上提出了大型公共场所动态引导人移动路径设计方法[53]；Canos 等[54]采用动静结合的方式（图片、文字、声音、动画）多样化展示应急疏散策略，增加了生动性和可读性；李红臣等[55]将消防预案演示系统利用统一建模语言（UML）建模，由协作图和顺序图组成交互图，并以交互图的方式描述各部门的合作关系和行为顺序，为消防救援工作提供横向协调依据和纵向行动指导；孙占辉等[56]提供了一种数字化预案，即在火灾模拟和人员疏散模拟的基础上，分析火灾发展和人员疏散状态，为消防救援提供理论数据支持和指导依据。

(2) 疏散路径算法研究

一般情况下，将事故现场受困人员转移到安全地带的路径称为疏散路径。根据事故的发展及其对疏散路径的影响，疏散路径可分为三种类型：理想型、可行型和逃生型。理想的疏散路径是指全程不受事故影响的疏散路线；可行的疏散路径是指满足一定安全条件的路线，如有毒气体的扩散范围和浓度对人身安全不构成威胁的路线，火灾中烟雾和明火对人身安全影响不大的疏散路线等，大多数情形下的疏散路径都属于这种类型；逃生的疏散路径是指以人类对有毒气体、火灾中温度和烟雾浓度最大承受能力作为判断依据而选择的路线。

在特定时间内，选择一条最佳有效的疏散路径至关重要，但是“最佳”的定义标准却并不统一，可以以最短时间离开事故现场为标准，选择一条疏散时间最少的路径；可以以最短距离到达安全地点为标准，选择一条路径距离最短的路径；还可以以到达安全地点的代价为标准，选择一条花费最少的路径。在选择和设计路径算法时，要充分考虑到实际需求，得到相应最优路径。在应急疏散路径计算与优化领域，应用广泛的有 Dijkstra 算法、蚁群算法、粒子群算法、遗传算法和模拟退火算法等。

Dunn 和 Newton 提出一种通过计算路径结点可容纳最大流量的方法来选择路径[57]，综合考虑了经过某节点的人数和限制容量的影响，这种路径选择策略能在一定程度上提高疏散效率；Yamada 提出了新的疏散路径分配方式[58]，对每个人员的每个有效疏散路径进行了最短距离优化；Lee 等[59]提出了一个模型，将最短路径算法、可以缩短计算时间的可行路径法和遗传算法等进行并行处理，搜寻计算最优路径，并对模型和算法的可行性和有效性进行了验证分析；Cuesta 等[60]面向复杂建筑物，以疏散时间最短为目标，提出了一种用于实时选择最优疏散路径的决策方法，通过与 STEPS 商业疏散模型的疏散结果比较评估该方法的有效性；丁雨淋[61]针对火灾情形，在 Dijkstra 算法基础上提出了能动态优化室内疏散路径的算法，在实时感知环境变化的前提下，该算法能满足不同火灾发展状态下的应急疏散路径规划需求；Stützle 为解决传统蚁群算法在搜索路径过程中出现停滞的情况，对蚁群算法进行改进[62]，通过限制路径上信息素的范围，以及只更新最优解蚂蚁的信息素等方法获得了最优路径解；赵俊波将粒子群算法进行改进[63]，采取多次选参多次优化的方式提高结果合理性，并以单层单出口、单层多出口和多层多出口为例，对算法进行验证说明。

通过对室内地图、室内空间模型、室内网络模型和室内应急疏散领域的研究现状分析，可以看出，目前室内网络模型还没有一个完整成熟的标准体系，研究人员根据不同需求不同应用场景选择不同的构建理论和工具；而在室内应急疏散领域，除了疏散仿真模拟，最受关注的还是面向应急疏散的路径规划问题。因此，如何构建一个兼顾空间信息和语义信息的室内网络模型，并且将其用于应急疏散路径规划是值得深入研究的问题。

1.3 技术路线

本书针对复杂室内空间的轻量建模、室内通道网络模型构建以移动对象群体运动应急模拟的需求，结合室内三维导航的特殊性分析，在总结目前地理信息三维可视模型特点的基础上，重点探讨面向个人移动平台的室内空间数据轻量化组织与集成策略，并针对室内应急路径计算的需求，探索融合拓扑及几何信息的室内三维拓扑空间模型。同时针对室内特殊空间，在分析室内不同移动对象（疏导人员、救援人员等）应急环境下行为模式的基础上，通过设置合理的移动对象数量、出入口和聚集消散速度等参数，基于智能算法对室内公共场所移动对象应急疏散与模拟模型展开研究，从而为室内应急疏散救援路径的科学规划、室内应急疏散方案的制定奠定科学基础，以指导室内空间的应急疏散方案的制定。技术路线如图 1-3 所示，所设计的主要关键技术研究方法为：

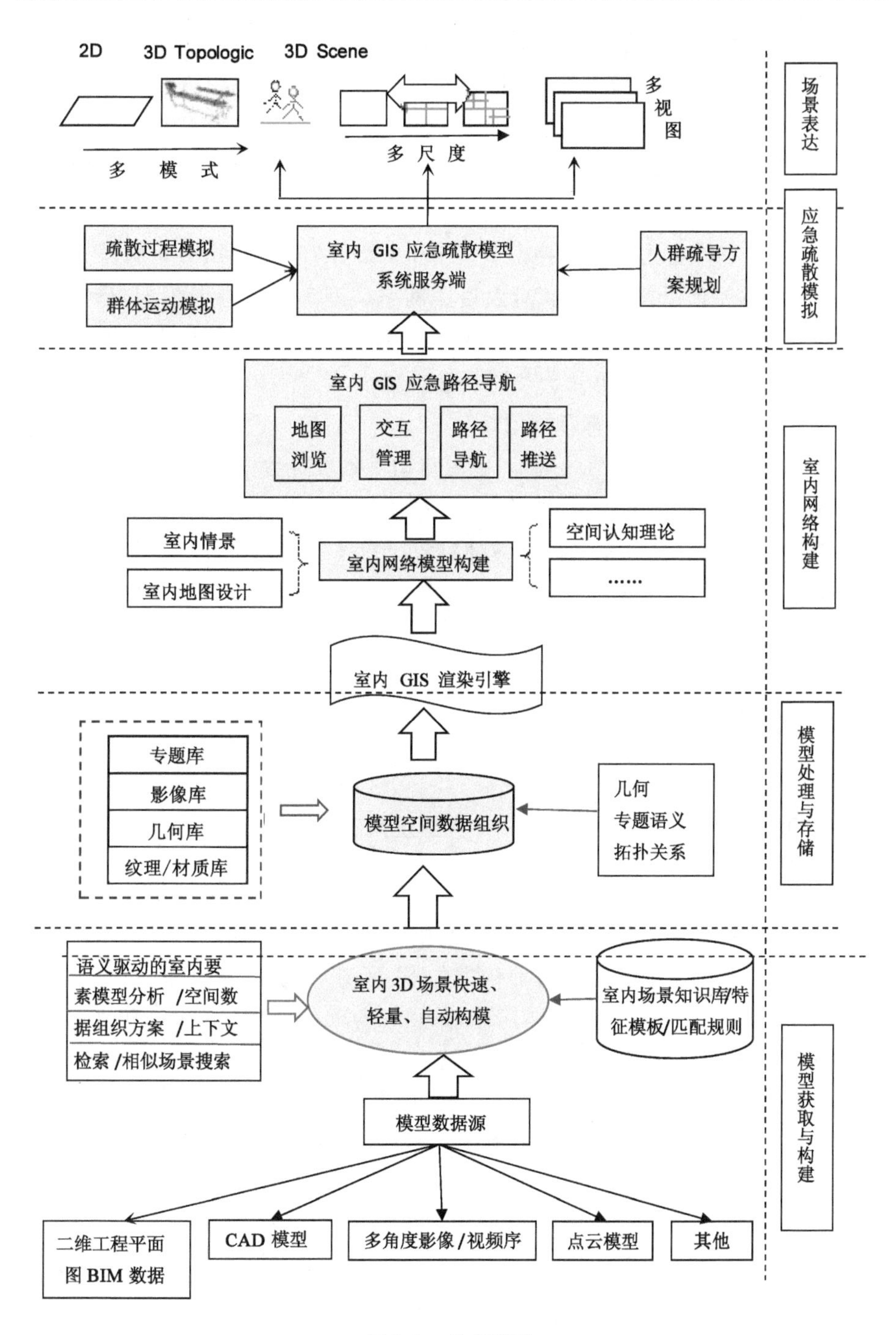
2D
3D Topologic
3D Scene
多 模 式
多 尺 度
多 视 图
场景表达
疏散过程模拟
群体运动模拟
室内 GIS 应急疏散模型 系统服务端
人群疏导方案规划
应急疏散模拟
室内 GIS 应急路径导航
地图浏览
交互管理
路径导航
路径推送
室内情景
室内地图设计
室内网络模型构建
空间认知理论
……
室内网络构建
室内 GIS 渲染引擎
专题库
影像库
几何库
纹理/材质库
模型空间数据组织
几何
专题语义
拓扑关系
模型处理与存储
语义驱动的室内要素模型分析 /空间数据组织方案 /上下文检索 /相似场景搜索
室内 3D 场景快速、轻量、自动构模
室内场景知识库/特征模板/匹配规则
模型数据源
二维工程平面图 BIM 数据
CAD 模型
多角度影像/视频序
点云模型
其他
模型获取与构建

图 1-3 技术路线

（1）考虑到室内场景建模的需要，分析和整合多源三维模型数据，面向个人移动平台，从单个模型、模型组织、自动构模、三维模型的组织方式以及深度集成等方面研究和探讨室内三维场景的轻量化建模，以达到减小三维模型的资源量，提高移动端模型浏览和渲染的流畅性，便于移动平台客户端的三维数据传输和人机互动的目的。

（2）建立三维室内路网拓扑模型。基于 GIS 的研究成果，分析室外拓扑空间模型的基本原理以及构建过程，以道路网络模型为主要参考框架，借鉴 GIS 的结点-弧段的空间拓扑关系建立思路，基于图论分析和优化室内三维拓扑结构网络，发展支持室内空间分析和路径选择的多模式室内三维空间寻径模型，以支持室内应急路径的计算和规划。

（3）以高精度室内地图为基础，室内移动对象轨迹数据分析为支撑，研究室内应急疏散模型，实现对疏散路径、救援路径的快速规划；研究基于元胞自动机、智能体模型等算法的室内海量移动对象模拟技术，设置室内行人数量、出入口选择行为、聚集消散速度等模拟参数，实现对公共场所应急救援与疏散行为的模拟。

1.4 研究内容

1.4.1 面向个人移动平台的室内 3D 模型重构研究

针对室内三维导航的需求及个人移动平台资源、计算能力有限之间的矛盾，在顾及三维模型渲染质量和效率的基础上，从模型轻量化的角度，采用数据库技术，构建了针对三维实体模型数据的 SLMATV 数据组织和管理方案，该方案通过合理的数据重构和数据优化，采用以空间换时间的策略，有效降低数据冗余，提升数据传输和绘制的效率，降低计算开销，为高逼真度的三维模型可视化绘制奠定了数据基础和保证。实例测试表明，该方案可以有效实现三维实体的轻量化建模，可在保证渲染效率和质量的基础上，为移动平台室内三维应用提供可视化的数据源。

1.4.2 面向室内外一体化寻径的道路网络空间感知层次建模

针对室内外统一寻径的现实问题，以室内外空间路网构建作为研究对象，在分析室内空间区域功能、明确室内单元类型的基础上，基于空间感知规律，构建了室内外道路网络空间感知分层模型，将室内外路网简化为街道、建筑物、楼层和区块四个层次路网，并分析了各层次路网的特点，以及基于数据库的各层次路网拓扑关系存储和表达。并以某单位室内外路网作为分析对象，构建了四个层次的路网结构，通过寻径计算验证了所提出模型的可行性和有效性。结果表明，该分层模型符合人们对室内外路网的经验性层次认知，能够很好地刻画路网层次特征，能满足室内外一体化寻径计算的精度和效率的要求，为室内外导航应用奠定了基础。

1.4.3　基于拓扑关系的室内外路网自动构建

紧密结合室内空间寻径和导航的现实需求，以室内空间路网构建作为研究内容，在对室内空间基本单元语义进行分析，准确把握室内空间单元之间拓扑关系的前提下，借鉴室外道路网络的结点-弧段模型，探讨了基于室内单元拓扑关系的道路网络模型的构建策略，并通过某商场室内道路网络的构建验证了该方法的可行性和有效性，寻径计算的实验结果也表明本书所提出的方法可以实现室内道路网络的自动构建，能够提升室内网络模型的构建效率，为室内的寻径和导航应用奠定了基础。

1.4.4　面向室内导航的分层路网优化方法

随着室内空间应用规模的增大以及室内定位技术的发展，面向大型场馆等室内空间的应急救援与导航成为室内 GIS 应用的研究热点，而室内路网构建是室内应急导航服务得以实现的关键技术。本书面向室内导航寻径的这一现实问题，以室内路网动态构建与优化作为研究对象，基于室内空间感知规律以及分层认知的方式，提出和构建了室内单元认知分层编码方法：① 将建筑物室内路网分为街道-建筑物、建筑物-楼层、楼层-区块、区块-房间等 4 个层次；② 为了满足语义分析的需求，在分析室内单元功能的基础上，引入“虚拟房间单元”，将室内封闭性空间和联系性空间统一剖分为房间单元；③ 依据室内建筑认知分层模型以及室内单元剖分结果，按照建筑物—楼层—分区—房间单元的顺序，从高级到低级的顺序进行连续分层编码。以国内某商业中心为例构建了室内分层认知路网，每一个层次都可以减少参与运算的结点和弧段数，简化了计算网络，从而提高了运算的效率，同楼层寻径时间约为 55 ms，跨楼层的寻径时间约为 100 ms。结果表明，该分层认知编码模型符合人们对室内路网的经验性层次认知，能够很好地刻画路网层次特征，能满足寻径计算的精度和效率的要求，为面向导航的室内应用奠定了基础。

1.4.5 面向应急的基于室内超网络模型的疏散路径规划研究

为了研究面向应急疏散场景的室内网络模型组织与可视化方式，本书在图论的基础上引入超图理论，设计了超网络模型的数据组织方式，并对应急疏散场景中涉及的路径复杂度、路径拥挤程度、突发事件进行了语义信息描述，构建了室内超网络模型并将其应用于室内应急路径规划研究。通过实验验证了室内超网络模型的可行性，并基于此模型进行了室内应急疏散路径规划算法分组实验，实验结果表明，本书的室内应急疏散路径规划算法能有效综合路径复杂度、路径拥挤程度、突发事件的影响，得到较为合理的路径规划结果。

1.4.6 基于时空核密度估计的室内应急疏散模拟与过程分析

围绕室内疏散场景中多出口多房间特点，从疏散模型构建、疏散行人数据分析以及疏散出口分配优化三个角度，开展应急疏散模拟与应用的相关研究，为突发事件中疏散预案制定与疏散布防布控提供理论依据及支持。

(1) 结合室内多房间多出口场景的环境特征与室内人员特点进行疏散场景分析，设计疏散模型的主要组成部分并完成各部分模型的具体实现工作；并以疏散模型为基础，设计三维可视化的疏散仿真程序开展仿真实验；

(2) 从疏散特征规律、疏散仿真数据等内容入手，通过定性化与定量化等不同手段来验证疏散仿真的真实度；同时结合输出仿真中的行人时间与位置数据，利用三维时空核密度方法分析整体疏散流程，来预测分析现实疏散中可能存在的问题并给出改进建议；

(3) 以博弈论为指导思想，基于博弈论模型从行人方与管理方两方入手构建博弈流程，设计一种应急疏散出口分配优化方法；并利用该方法对疏散出口进行分配优化，同时结合仿真程序验证方法的有效性，最终实现对疏散中经常存在的出口利用不均问题的优化。

参考文献

[1] 肖森，李响．室内空间地理信息系统的研究与应用[J]．测绘与空间地理信息，2010，33(5)：38-40.

[2] 杨立中．建筑内人员运动规律与疏散动力学[M]．北京：科学出版社，2012.

[3] 李松. 震后反思:人口密度意味着什么[J]. 共产党员,2008(13):31.
[4] MA J,SONG W G,LO S M,et al. New insights into turbulent pedestrian movement pattern in crowd-quakes[J]. Journal of Statistical Mechanics: Theory and Experiment,2013,2013(2):P02028.
[5] 卢文刚,田恬. 大型城市广场踩踏事件应急管理:典型案例、演化机理及应对策略[J]. 华南理工大学学报(社会科学版),2016,18(4):85-96.
[6] 周进科,刘翠萍,靳凤彬,等. 拥挤踩踏事件伤亡情况和发生原因分析[J]. 中华灾害救援医学,2015,3(2):67-71.
[7] 贾淇. 某地铁站应急疏散仿真研究[D]. 哈尔滨:哈尔滨工业大学,2018.
[8] 王付宇,王骏. 突发事件情景下地铁站人员应急疏散问题综述[J]. 计算机应用研究,2018,35(10):2888-2893.
[9] 雷鸿源,陈炽坤,王高. 建筑室内计算机建模方法的探讨[J]. 工程图学学报,2005,26(5):23-28.
[10] 张朝. 基于 Web 的房屋虚拟展示关键技术的研究[J]. 科技传播,2010,2(21):258.
[11] 吴月,王光霞,张心悦,等. 基于地图感受论的室内地图设计原则[J]. 地理空间信息,2017,15(1):12-15.
[12] 邓晨,田江鹏,夏青. 面向移动终端的室内地图设计与表达新模式[J]. 系统仿真学报,2017,29(12):2952-2963.
[13] 徐文君,袁占良. Web 室内地图导览系统设计与实现[J]. 科技通报,2019,35(12):37-40.
[14] 李强,夏青,邓晨. 三维室内地图表达方法研究与应用[J]. 地理信息世界,2016,23(5):28-33.
[15] 危双丰,黄帅,汤念,等. 二三维一体化室内地图绘制系统设计与实现[J]. 工程勘察,2020,48(2):45-50.
[16] 陈涛,李华蓉. 顾及用户感知的室内地图设计原则[J]. 北京测绘,2019,33(10):1187-1191.
[17] 何小波. 实时态势感知的室内火灾疏散路径动态优化方法[D]. 成都:西南交通大学,2016.
[18] 闫金金,尚建嘎,余芳文,等. 一种面向室内定位的 3D 建筑模型构建方法[J]. 计算机应用与软件,2013,30(10):16-20.
[19] 赵磊,金培权,张蓝蓝,等. LayeredModel:一个面向室内空间的移动对象

数据模型[J]. 计算机研究与发展,2011,48(增刊):274-281.
[20] 汪娜. 面向室内空间的时空数据管理关键技术研究[D]. 合肥:中国科学技术大学,2014.
[21] 尚建嘎. 室内空间信息及其模型支持下的行人位置感知计算方法[D]. 武汉:华中科技大学,2015.
[22] 侯继伟. GIS 协同 BIM 的室内路网模型研究[D]. 北京:北京建筑大学,2019.
[23] 朱金龙. 室内场景下人群疏散的若干关键技术研究[D]. 长春:吉林大学,2016.
[24] LI D D, LEE D L. A lattice-based semantic location model for indoor navigation: The Ninth International Conference on Mobile Data Management, April 27-30, 2008[C]. Washington: IEEE Computer Society, 2008: 17-24.
[25] LI D D, LEE D L. A topology-based semantic location model for indoor applications: Proceedings of the 16th ACM SIGSPATIAL international conference on Advances in geographic information systems-GIS′08, November 5-7, 2008, Irvine, California[C]. New York: ACM Press, 2008.
[26] XIE X K, LU H, PEDERSEN T B. Distance-aware join for indoor moving objects[J]. IEEE Transactions on Knowledge and Data Engineering, 2015, 27(2): 428-442.
[27] 李瑞琪. 三维蚁群算法的实现与疏散路径优化研究[D]. 沈阳:沈阳航空航天大学,2012.
[28] 刘毅,沈斐敏. 考虑灾害实时扩散的室内火灾疏散路径选择模型[J]. 控制与决策,2018,33(9):1598-1604.
[29] 李进,张江华. 基于路径的网络流控制应急疏散模型与算法[J]. 自然灾害学报,2012,21(6):9-18.
[30] KHAN A A, KOLBE T H. Subspacing based on connected opening spaces and for different locomotion types using geometric and graph based representation in multilayered space-event model (mlsem)[J]. ISPRS Annals of the Photogrammetry, Remote Sensing and Spatial Information Sciences, 2013, II-2/W1: 173-185.
[31] 程宏宇. 面向实体的三维空间数据模型及其应用研究[D]. 北京:北京建筑

大学,2017.

[32] LI X,CLARAMUNT C,RAY C. A grid graph-based model for the analysis of 2D indoor spaces[J]. Computers, Environment and Urban Systems,2010,34(6):532-540.

[33] SONG Y Q,NIU L,HE L,et al. A grid-based graph data model for pedestrian route analysis in a micro-spatial environment[J]. International Journal of Automation and Computing,2016,13(3):296-304.

[34] HIRT J,GAUGGEL D,HENSLER J,et al. Using quadtrees for realtime pathfinding in indoor environments:Research and Education in Robotics-EUROBOT 2010 [C]. Berlin, Heidelberg: Springer Berlin Heidelberg,2011.

[35] NAMDARI M H,HEJAZI S R,PALHANG M. Cornered quadtrees/octrees and multiple gateways between each two nodes:A structure for path planning in 2D and 3D environments[J]. 3D Research,2016,7(2):1-18.

[36] RODRIGUES A,COSTA P,LIMA J. The K-framed quadtrees approach for path planning through a known environment[C]//ROBOT 2017: Third Iberian Robotics Conference,[s. l.]:Springer cham,2017:49-59.

[37] 蔡文文,王少华,钟耳顺,等. BIM 与 SuperMap GIS 数据集成技术[J]. 地理信息世界,2018,25(1):120-124.

[38] 叶梦轩. 基于 CityGML 的室内导航网络自动生成方法研究[D]. 北京:北京建筑大学,2017.

[39] 余芳文,周智勇,汪晓楠,等. 融合多种上下文的室内应急疏散导航位置模型[J]. 计算机应用研究,2014,31(4):981-984.

[40] 温永宁,张红平,闾国年,等. 基于房产空间数据的楼宇空间疏散路径建模研究[J]. 地球信息科学学报,2011,13(6):788-796.

[41] 赵旋旋,韩李涛,郑莹,等. 室内导航模型研究综述[J]. 软件导刊,2016,15(5):1-3.

[42] 何招娟. 基于 BIM 的大型公共场馆安全疏散研究[D]. 武汉:华中科技大学,2012.

[43] 郭言,施映,章一才,等. 考虑延迟效应的交通流宏观流体力学模型[J]. 广西科学,2017,24(4):349-355.

[44] 王涛. 基于格子流体力学模型的交通流建模及仿真研究[D]. 北京:北京交

通大学,2015.

[45] 苗志宏,李智慧.一种基于SPH方法的人员疏散混合模型及模拟[J].自动化学报,2014,40(5):935-941.

[46] 陈静.基于混合模型的地铁车站行人行为建模与仿真[D].北京:北京交通大学,2017.

[47] 杜学胜,赵相艳,张单单.基于社会力模型的地铁车站人员疏散模拟与分析[J].河南工程学院学报(自然科学版),2016,28(2):52-57.

[48] 李楠,张磊,王金环.基于社会力模型的多出口场馆人员疏散问题[J].系统科学与数学,2016,36(9):1448-1456.

[49] 郑霞忠,向蕾蕾,陈艳.小群体行为作用下的地铁站疏散模型研究[J].中国安全生产科学技术,2018,14(11):127-132.

[50] 焦宇阳,马鸿雁.基于改进社会力模型的楼梯疏散研究[J].消防科学与技术,2018,37(5):611-615.

[51] 毕小玉.建筑消防应急预案的生成和优化技术研究[D].北京:北京建筑大学,2014.

[52] 筑龙网.建设工程应急预案范例编制指导与范例精选[M].北京:机械工业出版社,2009.

[53] 崔喜红,李强,陈晋,等.大型公共场所人员疏散模型研究:考虑个体特性和从众行为[J].自然灾害学报,2005,14(6):133-140.

[54] CANOS J H,ALONSO G,JAEN J. A multimedia approach to the efficient implementation and use of emergency plans[J]. IEEE MultiMedia,2004,11(3):106-110.

[55] 李红臣,邓云峰,刘艳军.应急预案的形式化描述[J].中国安全生产科学技术,2006,2(4):29-34.

[56] 孙占辉,苏国锋,刘海岩,等.火灾危险性分析与数字化消防应急预案[J].应用基础与工程科学学报,2006,14(增刊):205-210.

[57] DUNN C E,NEWTON D. Optimal routes in GIS and emergency planning applications[J]. Area,1992,24(3):259-267.

[58] YAMADA T. A network flow approach to a City emergency evacuation planning[J]. International Journal of Systems Science,1996,27(10):931-936.

[59] LEE J. Route optimization for emergency evacuation and response in dis-

aster area[J]. Journal of the Korean Society of Civil Engineers,2014,34(2):617.

[60] CUESTA A,ABREU O,BALBOA A,et al. Real-time evacuation route selection methodology for complex buildings[J]. Fire Safety Journal, 2017,91:947-954.

[61] 丁雨淋,何小波,朱庆,等.实时威胁态势感知的室内火灾疏散路径动态优化方法[J].测绘学报,2016,45(12):1464-1475.

[62] STÜTZLE T,HOOS H H. MAX-MIN ant system[J]. Future Generation Computer Systems,2000,16(8):889-914.

[63] 赵俊波.基于改进粒子群优化算法的人员疏散问题研究[D].鞍山:辽宁科技大学,2016.

2 室内空间与室内空间数据组织模型

2.1 室内空间

至今为止，室内空间并没有一个权威而明确的定义，不同的学者从各自的研究角度给了各种各样的描述或者界定[1-3]。简单概括来说，室内空间是具有如下特征的提供人活动的封闭空间。

(1) 室内实体对象的特殊性：与室外空间多是自然要素不同，室内空间中的实体对象多是人工设施，细小而繁多，包括水电、造型、灯光、家具等。其中，人是室内空间为数最多的动态实体，也是众多行为的发起者，理所当然是主体，其日常行为主要包括建筑物内确定位置、寻找路径、社交查询等活动。

(2) 空间约束：室内空间与室外空间相比最大的不同就在于空间的约束，室外空间以道路为约束，而室内空间主要来自建筑物室内单元（如墙壁、门、走廊、楼层和楼梯等）的分割与约束。

(3) 垂直重叠性：室外空间大多是平面上的扩展，而室内空间多数是垂直方向上的延伸，如多层建筑物在垂直方向上用楼梯、电梯等来连通不同楼层或者其他建筑。多层性要求行人位置感知和建立空间模型时必须考虑层的识别、层与层之间的连接等。

(4) 室内空间结构的变动性强：室内空间由于人类的特殊行为、意外的事件或自然因素，导致所包含实体的变动性强，如墙体的拆除新增、家具位置的变动等。

(5) 时间约束：室内单元具有开启和关闭的状态，如有的室内空间单元只在特定时间段可进出，如商场、消防通道等都有特定的开启时间。

(6) 移动目标速度低：与室外空间的移动目标（车辆、飞行器等）相比，室内空间的移动目标（行人、轮椅、购物车等）的速度较低，通常不需要高动态的定位。

2.2 面型室内导航应用的三维数据组织模型

伴随着城市空间立体化开发进程的加速，室内空间应用的总规模大幅增加，室内环境越来越复杂，功能也越来越重要。同时伴随着物联网感知定位技术的发展，基于大型场馆的室内导航应用需求越来越受到关注，导航由室外进入室内成为GIS进一步发展的必然[4]。

传统的导航应用主要集中于室外区域，技术上则主要利用二维矢量地图或二维影像来实现。在室内复杂环境下，尤其是在多层大型建筑物内部，这种基于二维矢量/栅格的导航地图往往因为不够直观而难于为用户提供足够信息[5-7]。因此，基于增强现实技术，面向个人移动平台（手机、平板等）研发室内三维导航系统已成为室内位置服务领域新的研究热点[8,9]。但个人移动平台固有的存储容量和计算能力有限的现状以及用户对三维模型的高逼真度、流畅渲染等的现实需求之间的矛盾使得个人移动平台端的三维模型可视化质量和绘制效率成为室内三维应用中迫切需要解决的工程问题[10,11]。

模型复用、多细节层次、动态调度以及可见性裁减都是三维应用中普遍采用的实时渲染技术[12-16]。本书拟从轻量化建模的角度，利用数据库技术重新组织三维模型数据，通过合理的数据重构，有效降低数据冗余，提升数据传输和绘制的效率，为高逼真度的三维模型可视化绘制奠定可靠的数据基础和保证。

三维模型的表示方法有栅格和矢量两种类型。栅格类型基于体元，结构简单，空间叠加操作方便，但占用存储空间大、数据精度低、缺乏空间拓扑关系，不利于空间分析等的实现[17,18]。矢量类型利用坐标来表达空间对象，在一定程度上克服了栅格数据冗余严重、精度低的缺点，同时又可以采用数据库技术对模型实体之间的拓扑关系进行管理，因此利于空间分析操作的有效实现。因此，矢量结构是实际应用中三维建模常用的数据类型。矢量格式的三维数据多以模型对象为基本单元进行数据的组织和管理。但随着用户对模型高逼真度的追求，模型数据量飞速增长，单个复杂实体的真三维模型就可能包含几万、几十万甚至几百万个多边形，从而导致系统绘制效率低下[19]，难以满足个人移动平台3D模型及场景流畅渲染的需求。本书采用矢量数据类型，在考虑室内三维空间导航及网络路径拓扑构建需要的基础上，参考相关文献[11,20,21]，结合渲染引擎的工作机理，将3D模型对象抽象为顶点、三角面、外观（材质/纹理）等基本单元，对3D模型数据进行重新组合和优化处理，构造了针对三维数据的

SLMATV数据组织和管理方案(场景—模型层—模型—外观—三角形—顶点，Scene-Layer-Mode-Appearance-Triangle-Vertex,SLMATV)，获得较为紧凑的模型数据组织方式，在兼顾渲染效率的基础上，以达到模型轻量化的目的。数据组织和管理方案见图2-1。场景是一个或多个图层以及图层属性值的集合，图层是根据不同的主题进行组织的模型集合体，是一个独立单位。SLMATV主要侧重于从降低数据冗余、实现模型数据轻量化的角度以达到流畅渲染的目的。

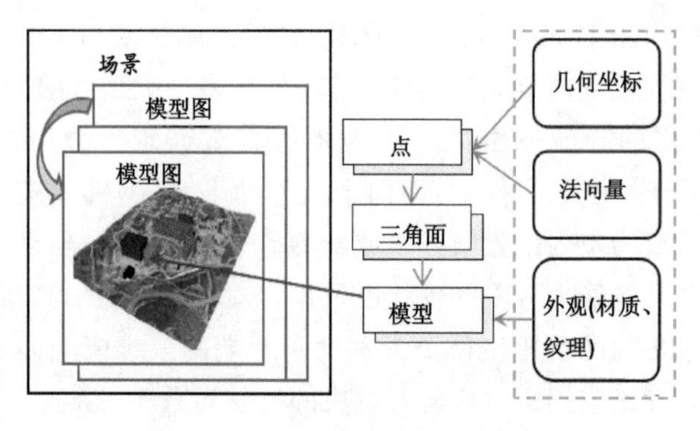

图2-1　3D场景数据组织和管理

2.2.1　顶点(Vertex)实体数据

顶点实体数据主要包括几何坐标、法向量及贴图坐标等属性信息，其存储的传统方法多是以模型顶点为存储的基本单元逐三角形存储。这里以图2-2的

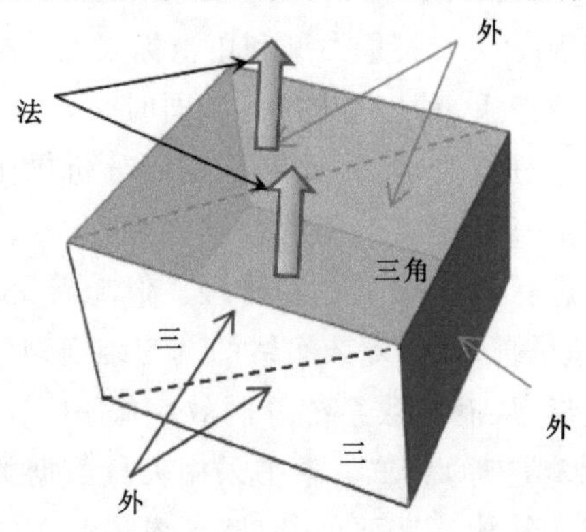

图2-2　简单立方体

简单立方体为例，传统的存储方式如表 2-1 所示，从中可见，顶点 1 为 6 个三角形所共有，它的几何坐标、法向量和贴图坐标最多可能被存储 6 次，这种存储方法导致数据冗余现象较为严重，直接影响了数据的读取及模型的渲染效率[11]。本书从降低数据冗余的角度，按照顶点-属性-索引列表的思想对顶点的数据进行重新组织，组织方式为将顶点的几何坐标、纹理和法线向量等作为属性信息分别以列表方式存储(表 2-2、表 2-3 和表 2-4)，这种存储方式没有重复存储的节点信息，考虑到三维模型顶点数据众多，这样可以大幅度减少存储的空间。

表 2-1　逐三角形逐顶点信息存储方式

三角形ID	点几何坐标		法向量		贴图坐标	
	点 ID	点坐标	法向 ID	法向向量	ID	坐标
三角形 1	Point 1	x1,y1,z1	normal 1	nx1,ny1,nz1	Texture 1	tx1,ty1
	Point 4	X4,y4,z4	normal 4	nx4,ny4,nz4	Texture 4	tx4,ty4
	Point 5	x5,y5,z5	normal 5	nx5,ny5,nz5	Texture 5	tx5,ty5
三角形 2	Point 6	x6,y6,z6	normal 6	nx6,ny6,nz6	Texture 6	tx6,ty6
	Point 5	x5,y5,z5	normal 5	nx5,ny5,nz5	Texture 5	tx5,ty5
	Point 4	x4,y4,z4	normal 4	nx4,ny4,nz4	Texture 4	tx4,ty4
三角形 3	Point 4	x4,y4,z4	normal 4	nx4,ny4,nz4	Texture 4	tx4,ty4
	Point 1	x1,y1,z1	normal 1	nx1,ny1,nz1	Texture 1	Tx1,ty1
	Point 3	x3,y3,z3	normal 3	Nx3,ny3,nz3	Texture 3	Tx3,ty3
…	…	…	…	…	…	…

表 2-2　顶点几何坐标

Vertex ID	几 何 坐 标		
	X	Y	Z
1	x1	y1	z1
2	x2	y2	z2
3	x3	y3	z3
4	x4	y4	z4
5	x5	y5	z5
6	x6	y6	z6

表 2-3 顶点法向量

Normal ID	法向量值		
	Nx	Ny	Nz
1	nx1	ny1	nz1
2	nx2	ny2	nz2
3	nx3	ny3	nz3
4	nx4	ny4	nz4
5	nx5	ny5	nz5
6	nx6	ny6	nz6

表 2-4 纹理坐标

Texture ID	量值		
	S	T	W
1	s1	t1	w1
2	s2	t2	w2
3	s3	t3	w3
4	s4	t4	w4
5	s5	t5	w5
6	s6	t6	w6

注：w 指深度纹理坐标。

2.2.2 外观对象(Appearance)

3D 实体建模多以单个平面作为基本组织和绘制单元。一般来说，单个 3D 模型包含很多平面，很多情况下，这些平面可能具有相同的材质。绘制的时候渲染引擎(如 OpenGL 等)多会逐个平面进行绘制[11,17]，这就不可避免地造成多个材质的频繁切换，从而影响到三维模型的渲染效率[22]。因此，为了提高绘制效率和渲染的速度，在 SLMATV 方案中改成以材质和纹理状态为单位的数据存储方式，并集中存储具有相同纹理和材质属性的模型数据，一个 Appearance 可能具有多个平面，但这些平面具有完全相同的材质，从而避免材质的频繁切换或者着色器的传送次数。SLMATV 方案采用数据库存储技术存储的外观表见表 2-5 和表 2-6。

表 2-5 外观-材质表

Material ID	Material Name	材质成分									
		NS	ni	d	tr	tf	illu	ka	kd	ks	ke
0	材质 A										
1	材质 B										
2	材质 C										
…	…	…	…	…	…	…	…	…	…	…	…

注:此处的光照模型采用 Phong 模型,tf,ka,kd,ks,ke 为 4 个 float 值,其余都为单个 float。

表 2-6 外观-纹理表

Texture ID	Texture Name	Texture Data(Binary Data)
0	brick	
1	tree	
2	Texture1	
…	…	…

2.2.3 模型索引表(Model-Index Table)

构建索引表的目的是通过提供索引信息来消除相邻模型边界、公用顶点之间的数据冗余和不一致的问题。索引表的建立虽添加了额外的数据,但相比之下,整型数据的索引信息要比存储大量重复的浮点型的顶点属性信息数据存储量要小得多。这是实现模型轻量化的关键环节,具体方法是在对 3D 顶点属性、外观对象数据存储的基础上,构建模型-外观、外观-三角形、三角形-顶点、三角形-三角形关系等索引表。

(1) 模型-外观索引表

一个实体模型可能有不同的外观,如不同材质/纹理可构成不同的外观。外观可由一个以上的多个平面组成,是最基本的绘制单位。模型-外观索引表表达了模型是由哪些外观组成的,具体如表 2-7 所示。在进行模型绘制的时候,可以外观进行绘制。

(2) 外观-三角形索引

一个外观包含了诸多顶点,构成了数目众多的三角形。外观-三角形索引表保存了构成外观的三角形顶点的索引,数目众多,在绘制的时候就可以根据索引获得三角形顶点属性信息。索引表的结构见表 2-8。

表 2-7　模型-外观索引表

Model ID	外观数据项
立方体	外观 A,外观 B,外观 C…
…	…

表 2-8　外观-三角形表

Appearance ID	三角形(数量)	三角形序列
外观 A	2	△123;△137(三角形 3)
外观 B	2	△437;△647
外观 C	2	△514;△546
…	…	…

(3) 三角形-顶点索引

三角形利用构成其三顶点在顶点数组中的索引值来表达,三角形的一个顶点需要保存两个索引值,分别对应几何坐标、纹理坐标或法向量列表中的索引号(当三角形上有纹理时,仅保存几何坐标和纹理坐标;当无纹理时,仅保存几何坐标和法向量值)。索引表的结构见表 2-9。

表 2-9　三角形-顶点索引表

Trangle ID	Vex1-ID	Vex2-ID	Vex3-ID	Tex/Nor1-ID	Tex/Nor2-ID	Tex/Nor2-ID
三角形 1	1	4	5	1	4	5

(4) 三角形-三角形关系表索引

三角形关系表反映了三角形之间的邻接关系,能够呈现三角形之间的拓扑关系,在需要对三角形进行边界分析和处理的时候,这种三角形拓扑关系具有很大的帮助,有助于空间查询、空间分析处理等实现[23,24]。例图(图 2-3)和相应的索引表的结构见表 2-10。

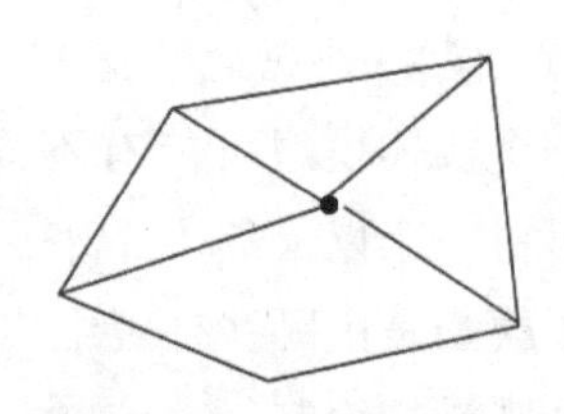

图 2-3　三角形关系

表 2-10　三角形-三角形关系表

Trangle ID	邻接关系
A	B,E
B	A,C
C	B,D
D	C,E
E	A,D

2.2.4　实验结果分析

本书利用矢量模型，采用数据库技术对三维模型数据进行组织和重构，通过降低数据量和减少渲染计算量从而改善个人移动平台上三维模型的绘制效率。为测试本书所提方法的实用性，此处选择了 5 个不同规模的 3D 模型（花盆、座椅、楼梯、屏风、办公室）作为样本进行测试分析（图 2-4）。选用的测试个人平台为三星 GALAXY Note 10.1，处理器为 Exynos 5420，屏幕为 10.1 英寸，分辨率为 2560×1600，操作系统为 Android4.3。

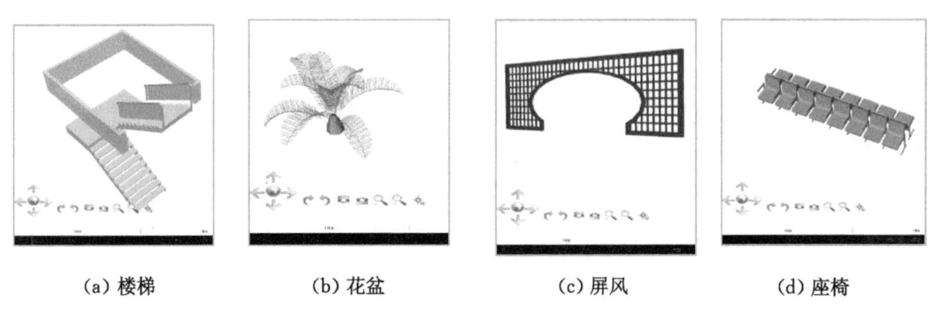

(a) 楼梯　(b) 花盆　(c) 屏风　(d) 座椅

图 2-4　测试样本

(1) 模型数据轻量化分析

测试方法用以比较建模软件所构建的三维模型数据与本书方案所重构数据之间的数据量差异，这将直接降低系统的存储空间以及减少系统 I/O 访问的时间开销。表 2-11 是几何模型重构前后的数据压缩率对比表，从表中可以看出，不同规模的 3D 模型数据量都出现了减少，压缩率最高可以达到 36.5%，有效提升了模型数据从外存储器（SDCARD）调入显存的读取效率。而且由于模型顶点和三角面法向量信息的预先存储、以空间换时间的策略有效降低了个人移动平台的计算开销,能够明显改善模型渲染效率。需要说明的是,由于纹理贴图的图片是以外部文件的方式存储在SDCARD中的,具体应用时才调入,因此,表中所计算的数据量不包含纹理图片,且由于在纹理贴图的时候,法向量信息不再需要,对于利用大量贴图图片的模型来说,数据量可以实现进一步的压缩。

表2-11 样本数据外观几何模型数据压缩对比

样本	顶点数	三角面数	法向量数	UV坐标	材质	存储量/KB		压缩率/%
						原方案	本书方案	
楼梯	440	1 626	52	549	2	97	82	15.46
花盆	868	772	98	137	4	59	41	30.51
屏风	902	3 512	244	2 797	3	270	181	32.96
座椅	1 700	6 288	1 184	5 014	3	492	371	24.59
办公室	80 877	202 702	9 792	49 223	72	15 052.8	9 625.6	36.5

(2) 渲染性能综合分析

为了测试所提方案应用的综合性能,本书利用某单位办公室作为综合性能测试样本。考虑到个人移动平台的渲染性能,对几何模型造型进行了一定的概括和简化,并未完全仿照实景构建,但由于模型较多,数据量的规模达到了15 MB,压缩后数据规模也达到了10 M左右(表2-11)。在未采用可见面裁剪、多细节层次等实时渲染技术的前提下,客户端平台的屏幕刷新率达到了15 fps,而在采取相关实时绘制技术之后,屏幕刷新率可以到18～20 fps(图2-5),完全可以满足个人移动平台三维模型流畅渲染交互漫游的实时要求。

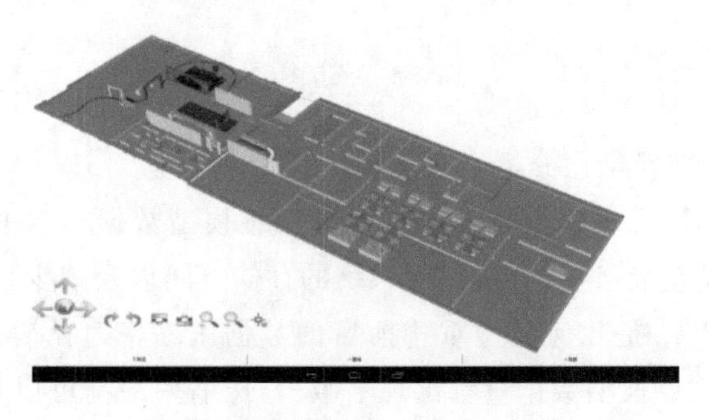

图2-5 综合性能测试(办公室内部)

2.2.5 结束语

随着移动互联网时代的到来以及个人移动平台技术的发展，基于智能终端平台开发室内三维导航产品，具有内在发展的实际需要。在目前移动平台存储容量、网络传输带宽以及计算能力依然有限的前提下，对室内三维场景进行轻量化建模，减小三维模型的资源量，缩短渲染时间，提高渲染的流畅性，便于移动平台客户端的三维数据传输和人机交互，成为室内三维导航应用的关键技术之一。本书针对移动平台三维模型渲染的特点，给出了 SLMATV 数据重构的思路，对三维模型数据进行重新组织和优化，消除数据冗余，去除与渲染无关的信息。实例测试表明，该方案对于三维模型数据的轻量化，提升三维模型的合理调度、快速构建和高速渲染大有裨益，可以在保证渲染效率和质量的基础上，支持室内场景的 3D 模型展现，为移动平台室内三维导航、GIS 应用提供可视化的数据源。在此基础上进一步分析和整合，构建能够统一描述室内空间多种特征的室内拓扑模型以及辅助提高室内定位系统定位精度的三维地图匹配技术等是进一步深入研究和进行突破的关注点。

参考文献

[1] YANG L P，WORBOYS M F. A Navigation Ontology for Outdoor-Indoor Space[C]. In Proc. 3rd ACM Indoor Spatial Awareness (ISA'11). Chicago，Illinois，USA. 2011：31-34.

[2] WINTER S. Indoor spatial information[J]. International Journal of 3-D Information Modeling，2012，1(1)：25-42.

[3] LI K J. Indoor space：A new notion of space[M]//Web and Wireless Geographical Information Systems. Berlin，Heidelberg：Springer Berlin Heidelberg，2008：1-3.

[4] 王思宁. 从室外到室内的微时代[J]. 软件工程师，2012，15(10)：10-11.

[5] NOSSUM A S. IndoorTubes A novel design for indoor maps[J]. Cartography and Geographic Information Science，2011，38(2)：192-200.

[6] 雷鸿源，陈炽坤，王高. 建筑室内计算机建模方法的探讨[J]. 工程图学学报，2005，26(5)：23-28.

[7] 张朝. 基于 Web 的房屋虚拟展示关键技术的研究[J]. 科技传播，2010，2

(21):258.

[8] 张兰,王光霞,袁田,等. 室内地图研究初探[J]. 测绘与空间地理信息,2013,36(9):43-47.

[9] HUANG B. Web-based dynamic and interactive environmental visualization[J]. Computers, Environment and Urban Systems, 2003, 27(6): 623-636.

[10] 龚俊,柯胜男,鲍曙明. 顾及高效可视化的CAD模型数据重组织方法[J]. 计算机应用研究,2008,25(10):3056-3059.

[11] 关云,刘幸. 3ds max 5 室内设计经典作品解析[M]. 北京:中国电力出版社,2003.

[12] FLETCHER DUNN,IAN PARBERRY. 3D数学基础:图形与游戏开发[M]. 史银雪,陈洪,王荣静,译. 北京:清华大学出版社,2005.

[13] 龚俊,柯胜男,朱庆,等. 一种八叉树和三维R树集成的激光点云数据管理方法[J]. 测绘学报,2012,41(4):597-604.

[14] 张叶廷,朱庆. 基于部件可视锥的复杂目标遮挡剔除方法[J]. 武汉大学学报·信息科学版,2010,35(10):1245-1249.

[15] ZHU Q,GONG J,ZHANG Y T. An efficient 3D R-tree spatial index method for virtual geographic environments[J]. ISPRS Journal of Photogrammetry and Remote Sensing,2007,62(3):217-224.

[16] 支晓栋,林宗坚,苏国中,等. 基于改进四叉树的LiDAR点云数据组织研究[J]. 计算机工程与应用,2010,46(9):71-74.

[17] 张海荣. 地理信息系统原理与应用[M]. 徐州:中国矿业大学出版社,2008.

[18] 李晓明. 顾及语义拓扑的大规模三维空间数据高效管理方法[D]. 武汉:武汉大学,2011.

[19] 陈静,吴思,谢秉雄. 面向GPU绘制的复杂三维模型可视化方法[J]. 武汉大学学报·信息科学版,2014,39(1):106-111.

[20] 刘刚,吴冲龙,何珍文,等. 地上下一体化的三维空间数据库模型设计与应用[J]. 地球科学,2011,36(2):367-374.

[21] 朱庆,李晓明,张叶廷,等. 一种高效的三维GIS数据库引擎设计与实现[J]. 武汉大学学报·信息科学版,2011,36(2):127-132.

[22] 张剑清,贺少军,苏国中. 三维模型重建中影像纹理重组织方法研究[J]. 武汉大学学报·信息科学版,2005,30(2):115-117.

[23] 朱庆.3维GIS技术进展[J].地理信息世界,2011,9(2):25-27.
[24] 朱庆.三维GIS及其在智慧城市中的应用[J].地球信息科学学报,2014,16(2):151-157.

3 面向室内外一体化寻径的道路网络空间感知层次建模

随着国家城市化的快速发展、室内空间规模持续增长、室内空间功能日益复杂以及建筑日益高层化，基于大型场馆的应急救援与寻径导航亟须室内外GIS共同参与以提供全新的技术支持，室内外路网构建已成为室内外位置信息融合应用的重要课题[1-4]。道路导航是室外GIS研究较多且应用较为成熟的领域，室内路网构建也多直接借鉴室外GIS的相关研究成果[5]。如Kwan利用最短路径算法为在建筑物内由于突发事件而受困的人员寻找最佳的疏散路径[6]；Lee等在考虑室内单元逻辑关系的基础上，利用直中轴变化来获取室内网络模型并将其用于三维空间中最短路径分析[7,8]；Chen等在分析室内3D特征的基础上，构建了GNM (Geometric Network Model)模型[9]；De Thill等则提出了一个整合室内环境及室外交通网络的三维空间模型用于路径导航分析[10]；此外Hong S[11]、Zlatanova S[12]以及李渊[13]等也做了类似的研究[14,15]。这些模型或是室外网络模型的简单借鉴，或多局限于理论方面的探讨，或缺乏切实有效的建模方法支撑。因此，室内网络模型的构建尚有很多问题有待进一步研究。

因此，基于空间认知规律，综合考虑和概括室内外路网结构和特征，构建能够准确表达室内外路网拓扑关系的模型，实现一体化寻径就成为室内外路径导航分析应用的关键。

3.1 室内外路网拓扑模型

室内空间单元的划分是路网模型构建的基础工作，文献[16]根据室内单元之间的沟通和联系将室内空间划分为功能性单元和联系性单元，本书借鉴这种划分方法，参考节点-弧段模型，将室内空间转换成由弧段元素和节点元素组成的通道网络模型。

3.1.1 点元素

点元素用来表达通道网络上的节点,如建筑物出入口、电梯出入口以及楼道拐弯处等。根据室内空间单元的划分以及空间层次感知原理,将功能性单元简化为功能性节点,并按所处的层次,功能性节点可以分为:① 建筑物单元节点,代表整个建筑物,是和室外道路网络联系的顶层节点。② 楼层单元节点,是建筑物在垂直方向的划分,表达的是楼层,具有多个出入口,内部由各种水平通道联系。③ 区块单元节点,是同一水平楼层中按照功能的不同所划分的区域,区块和区块之间有通道联系。④ 房间单元节点,为叶子节点,是终端单元,其特点是除了通过门廊和外部相联系之外,并无其他联系方式。

3.1.2 弧段元素

室内空间联系性单元可简化为弧段,并根据弧段沟通联系的方向分为水平联系弧段和垂直联系弧段[17]。水平联系性单元和垂直联系弧段紧密联系构成了室内通道网络。在实际应用中,可根据联通关系的复杂性、寻径目标的层次性,借鉴分层次认知的思想,构建等级不同的通道网络。

3.2 基于感知尺度的室内外一体化道路网络层次模型

为了实现室内外导航一体化寻径的目的,本书为满足室内外导航无缝切换的要求,基于室内空间认知规律[18],从应用和显示的角度将室内外路网结构概括为街道级(Street Level)-建筑物级(Building Level)-楼层级(Floor Level)-区块级(Block Level)四个认知阶段的网络,从而构成了多层次、多尺度表达的室内外道路网络感知层次模型(IONHM,Indoor and Outdoor Network Hierarchical Model based on Cognition)。各个认知阶段(层次)的路网特点为:

(1) 街道级路网(Street Level Network:Street-Building)。属于路网结构认知的首次体验,感知区域室外路网的形状特征,表达了街道级别的路网基本轮廓。在该级别中,各个建筑物可作为道路网络中的一个节点来表达。

(2) 建筑物级路网(Building Level Network:Building-Floor)。在该级别中,单个建筑物作为感知对象,楼层之间的联系通道首先被感知,形成建筑物楼层之间关系的认知(包括楼层以及垂直方向的节点和弧段)。在该层次中,建筑物由不同楼层组成,楼层之间通过垂直路径(如楼梯、电梯等)相连。通过该层次的路网，可以明确到达各个楼层的路径。

(3) 楼层级路网(Floor Level Network：Floor-Block 层)。感知层次增加，感知对象为单个楼层，实际应用中可以根据楼层区域的复杂情况对室内空间以及实体对象进行简化、关联及综合加工以实现分区，分区之间构成连通子图，路网和拓扑信息变得逐渐完善。

(4) 区块级路网(Block Level：Network-Block-Cell)。该层次认知层次最深，在该层次中，每个室内空单元被分配至不同的联系单元，通过联系单元与楼层联系，再通过楼层之间的垂直通道(电梯或者楼梯)与室外道路相联系，路网图形与真实路网已经完全逼近，从而形成了对室内外路网的精细化表达。

3.3 室内外拓扑关系表达和存储

室内外路网要素的拓扑关系可利用数据库来存储和表达。对于分层网络来说，节点和弧段之间的拓扑关系除了室外道路网络的关联、邻接和包含等外，还包括节点元素之间的层次关系，下面结合图 3-1 进行介绍。

(a) 室外道路网概况

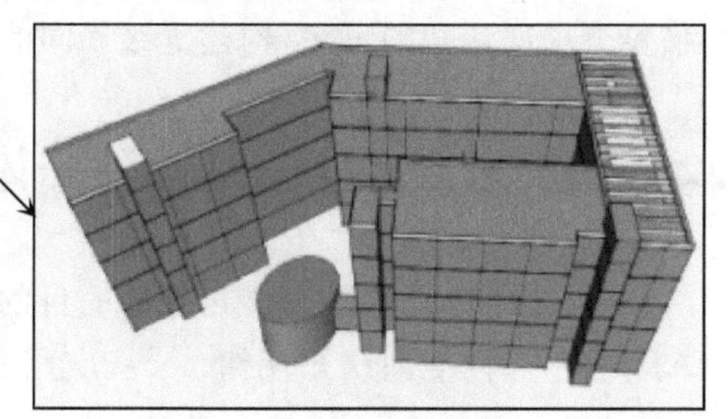

(b) 大楼整体外貌

图 3-1 楼层级路网

3.3.1 Street-Building 层感知层网络

该层次可在室外网的基础上增加各建筑物的出入口信息，从而可以利用寻径算法计算室内某点到建筑物的各出入口节点的路径信息。拓扑关系表达包括：① 建筑节点表。研究区域的建筑物可简化为网络中的一个节点，如表 3-1 所示。其中 Geometry 表示建筑物的中心坐标，因为是最顶层，父节点(Parent-Node-ID)设置为 NULL；② 建筑物出入口节点表。存储建筑物的出入口节点信息，在应用中，需要将这些点分配到街道网络中，如表 3-2 所示。

表 3-1 建筑物节点表

Building ID	Name	Geometry	Parent-Node-ID
A	CSEI	…	NULL
B	FFICE	…	NULL
…	…	…	…

表 3-2 建筑物出入口节点表

Entrance ID	Building ID	Geometry	Reserve
1	CESI	…	…
2	CESI	…	…
…	…	…	…

3.3.2 Building-Floor 层感知层网络

该层次网络表达的是楼层之间的联系，因此需要存储垂直方向弧段的信息。拓扑关系包括：① 楼层信息表。如表 3-3 所示，用节点来表达建筑物各楼层的信息，Parent-Node-ID 存储的是 Building ID；② 垂直弧段-节点关系表。其表达的是电梯或楼层弧段与各楼层的交点（出入点）信息，如表 3-4 所示。Node_ID_Set 是指构成该弧段的节点集合，Type 表达弧段的类型，0 表示电梯弧段，1 表示楼梯弧段；Active 表达该垂直弧段的当前状况，True 表示该弧段正常通行，False 表示该弧段障碍，不可以通行；③ 节点信息表。其存储了电梯/楼梯节点的详细信息。Type 表达节点信息的类型，0 表示出入口点，1 表示电梯点，2 表示楼梯点。Floor Number 表达的是该节点所在的楼层，Active 表示该节点的活动状态，是否禁止通行或者停靠，如表 3-5 所示。

表 3-3 楼层节点表

FloorID	Name	Geometry	Parent-Node-ID
F1	第一层	…	CESI
F4	第四层	…	CESI
…	…	…	…

表 3-4　垂直弧段 - 节点关系表

VCCID	Type	Active	Node_ID_Set
V1	0	True	1,2,3,4,5
V2	1	True	…
…	…	…	…

表 3-5　节点信息表

NodeID	Type	Active	Geometry	Floor Number
1	0	True	x1,y1,z1	1
2	1	True	x2,y2,z2	2
…	…	…	…	…

3.3.3　Floor-Block 层感知层网络

该层次网络表达水平楼层内不同部分(区块)之间的联系。水平楼层可以根据楼层的复杂程度划分为多个区块,如果楼层比较简单,也可以不进行区块的划分。Floor-Block 表达水平楼层内各个 block 之间的连通。存储的区块信息如表 3-6 所示,区块联系弧段信息如表 3-7 所示。其中 Direction 表示联系的方向是单向还是双向。

表 3-6　区块表

BlockID	Name	Geometry	Parent node id
A	Block A	NULL	F4
B	Block B	NULL	F4
…	…	…	…

表 3-7　区块弧段-区块节点表

Block Arc	From node	End node	Direction	Floor Number
A	A	B	1	4
B	C	A	1	4
C	B	C	1	4
…	…	…	…	…

3.3.4　Block-RoomCell 层感知层网络

该层次存储各区块所包含的房间以及区块内的节点连通状况。区块-弧段表达一个 Block 所包含的弧段，一个 Block 可以包括一个或多个走廊弧段，如表 3-8 所示。弧段-节点信息表达弧段由哪些节点所组成。节点主要包括走廊弧段起始点、交点以及弧段之间的汇聚点等，如表 3-9 所示。房间关联区块就是将室内房间分配到房间所在 block，如表 3-10 所示。

表 3-8　区块-弧段

BlockID	ARC ID	Floor Number
A	HCC1	4
A	HCC2	4
C	HCC2	4
…	…	…

表 3-9　走廊弧段-节点关系表

HCCID	Active	Direction	Node_ID_Set
HCC1	True	1	101，102，…，104
HCC2	true	1	…
HCC3	False	1	…
…	…	…	…

表 3-10　房间关联弧段表

CellID	Block ID	Active	Name
101	A	True	B408
102	B	true	A401
201	C	False	C201
…	…	…	…

3.4 研究区域

为了说明 IONHM 层级树状网络的特点，这里选择某单位道路网络，以某部门行政大楼(CESI)为例进行说明。大楼共分 5 层，每层共分为 A、B 和 C 共 3 个区域，一共有 1 台电梯和 4 部楼梯。图 3-1(a)为大楼所处区域室外道路网络概况，图 3-1(b)为大楼的整体外貌。

3.4.1 路网构建

基于 IONHM 层级树状网络模型的特点，将该单位的路网以及 CESI 建筑物的室内路网进行认知分层和简化，概括为街道级—建筑物级—楼层级—区块级四个认知阶段的网络。图 3-2 中 A 为街道级路网特征，在该级别中，各个建筑物被抽象为节点对象，并关联到原有路网上，如将 CESI 建筑物抽象为道路网络中的一个节点。图 3-2 中 B 表达的是建筑物级路网，其中的 CESI 大楼由 5 个楼层组成，楼层之间包括 5 个垂直方向的通道。图中的点为道路与楼层的节点(例如楼层出入口)，弧段表达了楼层之间的联系通道。图 3-2 中 C 为 CESI

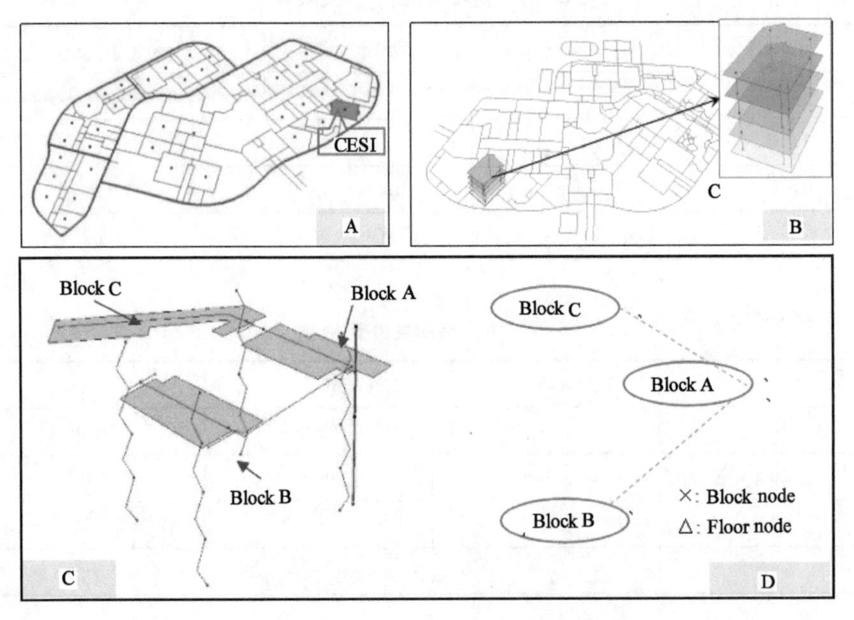

图 3-2 楼层级路网

大楼四楼楼层的区块分布，四楼楼层被划分为A、B和C三个区域，图3-2中D为连通子图，其中"△"表达的是楼层之间的连接节点，"×"表示的是区块之间的连通节点。

图3-3为CESI大楼四楼的区块级内部网络，图3-3中A为四楼室内单元的分布情况，图3-3中B为相应的网络图。

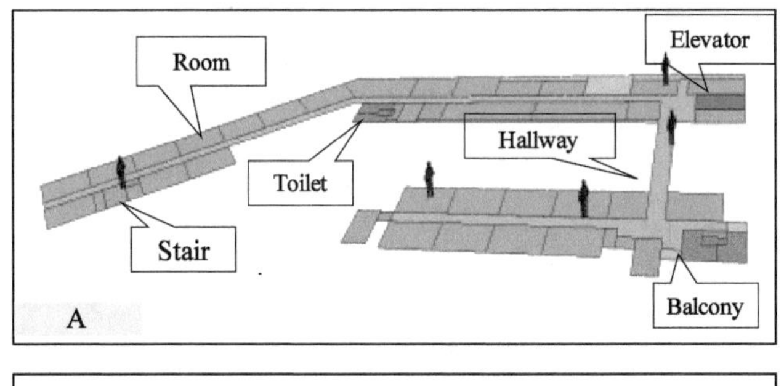

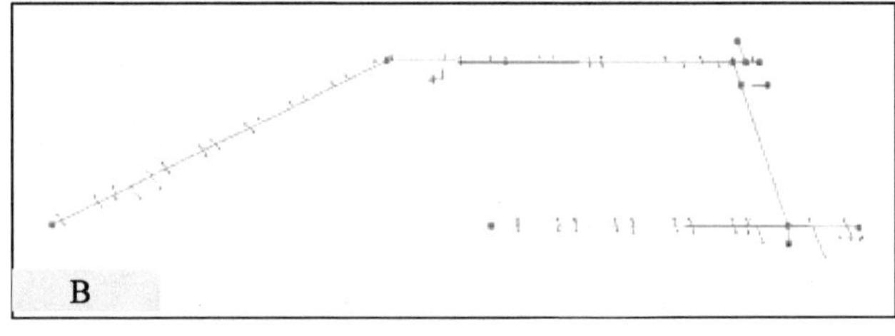

图3-3 楼层级路网

按照前述思路进行，最后得到IONHM分层路网，路网各层次的具体数据如表3-11所示。

表3-11 某大楼分层路网数据

路网层次	节点数	弧段数	说明
Street-building	5	5	和室外街道路网相连的出入口
Building-floor	26	20	电梯弧段、楼梯弧段
Floor-block	24	10	建筑物的第四层的分区（A、B、C）
Block-room	122	36	第四层A区各个房间节点、弧段起止点、交叉点等

3.4.2 寻径测试

为验证以上所构建的分层网络适用性，这里也将点—弧段模型引入室内空间(节点代表房间和出口,弧段代表通道等)以进行对比,所构造的通道网络如图 3-4 所示。路网数据中节点数为 1 865,弧段数为 632。

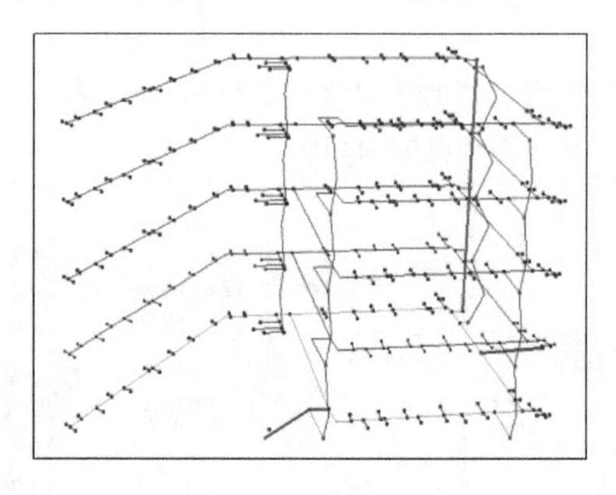

图 3-4 Node-Arc 路

采用上述两种不同的室内网络模型,以人正常的步速,利用 Dijkstra 算法计算用户从房间 B408 房间到 1 楼各出口的最短距离和所需的时间,以及采用两种不同的路网模型计算最短路径的寻径时间如表 3-12 所示。

表 3-12 路径距离、时间和寻径时间

出口	距离/m	时间/min	寻径时间(wayfinding time)/ms	
			Node-Arc	CLNM model
Stair 1	102.2	1.42.03	312	15
Stair 2	152.6	2.21.52	310	16
Stair 3	130.0	1.52.20	322	12
Stair 4	148.4	2.10.11	332	15
Elevator	60.3	1.02.03	298	10

图 3-5 为所计算的从 B408 到 1 楼出口的走电梯和楼梯的路径以及所需的最短时间(注:电梯路径不包括电梯等待时间)。Dijkstra 算法的时间复杂度是 $O(n^2)$,采用传统的点—弧段模型,由于所有的节点都需要参与运算,B408 到 1 楼到各个出口的运算时间约为 300 ms。但利用 IONHM 分层模型,通过空间感知所进行的层次划分,每一个层次都可以大量减少参与运算的节点数,简化了计算网络,从而大大提高了运算的效率,因此计算 B408 到各个出口的最短路径的运算时间都较少,约为 10 ms。虽然本实例中 CESI 大楼的楼层数较少,节点

也不多，但实际上即使建筑物楼层数较多，通过分层处理，每次参与运算的点数也不会特别多，因此，IONHM 模型不仅方便管理，而且对于室内外的一体化寻径具有较优的时间开销，能够获得较好的性能。

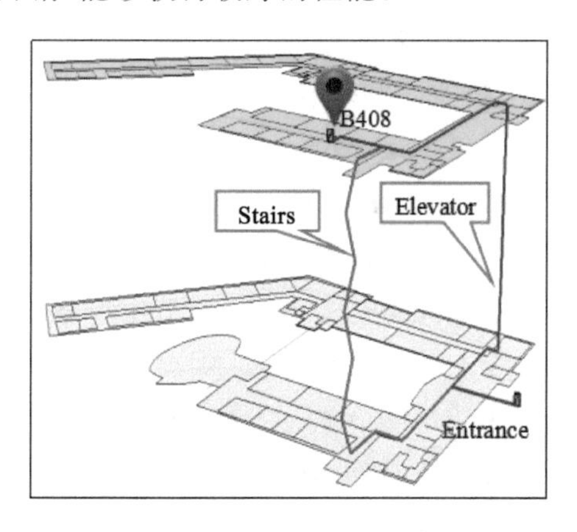

图 3-5　Node-Arc 路

3.5　结语

本书针对室内外统一寻径的这一现实问题，基于空间感知认知规律，构建了室内外道路网络感知分层模型，并以某单位行政大楼作为分析对象，实现了 IONHM 路网模型，基于该路网的模型构建以及路径计算表明：该分层模型符合人对室内外道路网络的经验性层次认知，能够很好地刻画路网的层次特征，能有效缩短寻径计算的时间。进一步分析表明，即使在节点数和弧段大幅增加的前提下，寻径时间也不会耗费太多。因此该模型能够支持室内外统一寻径的问题，对于室内外的融合应用，例如室内空间应急疏散的寻径等问题，可以给出较为快速和合适的选择，为有关部门在规划或救灾中提供决策支持。

作为室内外位置信息融合应用的研究热点，面向室内外一体化寻径导航尚有很多问题有待进一步研究。本书 IONHM 模型构建，如节点、通道以及分层网络的实现目前只能通过手工或半手工创建，效率低下。因此，如何根据室内拓扑空间的构成，以及室内空间区域的功能，改进室内空间各区块的子网优化划分策略，设计自动的分割算法，自动构建各层次的路网拓扑结构图[19]，取代目前的人工方法以提高 IONHM 分层网络的构建策略，是下一步继续研究的方向。

参考文献

[1] 李德仁,刘强,朱庆.数码城市GIS中建筑物室外与室内三维一体化表示与漫游[J].武汉大学学报·信息科学版,2003,28(3):253-258.

[2] NOSSUM A S. IndoorTubes A novel design for indoor maps[J]. Cartography and Geographic Information Science,2011,38(2):192-200.

[3] WORBOYS M. Modeling indoor space[C]//Proceedings of the 3rd ACM SIGSPATIAL International Workshop on Indoor Spatial Awareness-ISA′11,November 1,2011,Chicago,Illinois. New York:ACM Press,2011:1-6.

[4] GILLIÉRON P Y,MERMINOD B. Personal navigation system for indoor applications:11th IAIN world Congress,October 21-24,2003,Brelin,Germany[C]. [S. l. :s. n.],2003.

[5] COORS V. 3D-GIS in networking environments[J]. Computers,Environment and Urban Systems,2003,27(4):345-357.

[6] KWAN M P,LEE J. Emergency response after 9/11:the potential of real-time 3D GIS for quick emergency response in micro-spatial environments [J]. Computers,Environment and Urban Systems,2005,29(2):93-113.

[7] LEE J,KWAN M P. A combinatorial data model for representing topological relations among 3D geographical features in micro-spatial environments [J]. International Journal of Geographical Information Science,2005,19(10):1039-1056.

[8] LI X,ZHANG X H,TAN L. Assisting video surveillance in micro-spatial environments with a GIS approach[C]//Proceedings of SPIE. Geoinformatics 2007:Geospatial Information Technology and Applications,2007,6754:675402.

[9] CHEN L C,WU C H,SHEN T S,et al. The application of geometric network models and building information models in geospatial environments for fire-fighting simulations[J]. Computers,Environment and Urban Systems,2014,45:1-12.

[10] DE THILL J C,DAO T H D,ZHOU Y H. Traveling in the three-dimensional City:applications in route planning,accessibility assessment,loca-

tion analysis and beyond[J]. Journal of Transport Geography,2011,19(3):405-421.

[11] HONG S,JUNG J,KIM S,et al. Semi-automated approach to indoor mapping for 3D as-built building information modeling[J]. Computers, Environment and Urban Systems,2015,51:34-46.

[12] PU S,ZLATANOVA S. Evacuation route calculation of inner buildings [C]//Geo-information for Disaster Management. Berlin, Heidelberg: Springer Berlin Heidelberg,2005:1143-1161.

[13] 李渊. 基于语义信息的建筑尺度多模式应急路径诱导方法[J]. 华中建筑,2007,25(3):109-111.

[14] GOLLEDGE R G. Chapter 2 geographical perspectives on spatial cognition[J]. Advances in Psychology,1993,96:16-46.

[15] RATTI C. Space syntax:some inconsistencies[J]. Environment and Planning B:Planning and Design,2004,31(4):487-499.

[16] 王行风,汪云甲. 一种顾及拓扑关系的室内三维模型组织和调度方法[J]. 武汉大学学报·信息科学版,2017,42(1):35-42.

[17] ARENS C,STOTER J,VAN OOSTEROM P. Modelling 3D spatial objects in a geo-DBMS using a 3D primitive[J]. Computers & Geosciences,2005,31(2):165-177.

[18] 唐炉亮,刘章,杨雪,等. 符合认知规律的时空轨迹融合与路网生成方法[J]. 测绘学报,2015,44(11):1271-1276.

[19] LUO F X,CAO G F,LI X. An interactive approach for deriving geometric network models in 3D indoor environments[C]//Proceedings of the Sixth ACM SIGSPATIAL International Workshop on Indoor Spatial Awareness-ISA'14,November 4,2014,Dallas/Fort Worth,Texas. New York: ACM Press,2014:9-16.

4 基于拓扑关系的室内路网自动构建研究

随着人员室内活动的日益增多,面向室内空间的通道路网构建成为室内寻径和导航的关键技术之一[1-4]。传统的导航应用主要集中于室外区域,室内路网构建多在借鉴室外寻径与导航相关成果的基础上展开,多直接把室外网络模型的研究成果引入室内空间。如研究人员采用中轴交换[5]、voronoi 图[6]、直接中轴变换[7]等算法对室内几何模型处理生成类似于 GIS 的道路网络,利用节点、弧段来描述室内各单元之间的连通关系。Lee[7]在顾及室内建筑物逻辑关系基础上,提出了节点关系结构模型(NRS,the Node Relation Structure)来获取建筑物的网络模型并将其用于室内空间的最短路径分析[8];Meijers、Zlatanova[9]、Pfeifer 及李渊[10]等基于图模型利用语义模型初步实现了室内三维结构的表达,并用于室内路径的评估和规划。也有部分学者从环境认知的角度出发,利用空间句法理论提出了室内空间模型[11-13]。

室内场景,特别是多层大型建筑物多通过三维几何模型来表达。模型之间的几何相关性虽然体现了隐式的拓扑关系,但对象语义的描述能力较弱,难以在空间查询、空间分析以及路径规划过程中直接使用。室内场景的几何与逻辑模型的自动提取困难,建筑物的节点与通道多通过手工或半手工创建,实现效率不高,所构建模型的可扩充性较差,模型数据的更新修改不方便,等等[14]。因此,本书拟在剖析室内单元之间拓扑关系的基础上,从语义层面研究建筑物内部逻辑构成,综合考虑和概括室内外路网结构和特征,探讨室内路网数据模型的自动构建策略,以提高室内复杂环境的路径引导效率从而服务于不同寻径需求。

4.1 室内空间拓扑关系模型

4.1.1 室内空间单元类型

室内空间是通过空间再限定而产生的功能上彼此联系的多个独立子空间组合体，为了能够使用拓扑网络表达室内单元之间的连通关系，本书按照连通作用的不同将室内空间单元划分为封闭性单元、联系性单元以及门廊单元三种类型。

（1）封闭性单元

封闭性单元是指占据一定空间，有明确的边界形态[15]，有一个或者多个出入口与其他空间相连通，具有开放、关闭两种状态，在应用中可以通过对出入口状态的调整来控制与其他单元之间的联系，多表现为具有一定独立功能的房间，如会议室、办公室等区域。

封闭性单元可按照内部空间是否被分割以及所关联通道数量的不同划分为单连通无子网单元、单连通有子网单元、复连通无子网单元和复连通有子网单元等类型。

① 单连通无子网单元。空间内部不包括其他子空间，通过一个或者多个出入口与其他单元相联系，关联通道的数量仅有一个，不提供路径的更换和穿越功能。如图 4-1 中的 Room5、Room4，Room4 有一个门和走廊 Corridor1 相联系，Room5 有两个门，但两个门关联的是同一个廊道弧段 Corridor1。

② 单连通有子网单元。空间内部进一步分割为更小的子单元，子单元可以构建子网，通过一个或多个出入口和其他单元相联系，关联通道的数量仅有一个，不提供路径的更换和穿越功能。如图 4-1 中的 Room2 有一个门和廊道 Corridor 1 相关联，内部包括了 R20、R21 和 R22 三个子单元，这三个子单元可以和 Room2 构成子网，并通过 Room2 的门和外界相关联。

③ 复连通无子网单元。空间内部不包括其他单元，通过两个以上的出入口和其他单元相联系，关联通道的数量为多个，可以实现路径的更换和穿越。如图 4-1 中的 Room9，内部没有子单元，有一个门和廊道 Corridor 2 相关联，同时可以通过门厅进出 Room9。

④ 复连通有子网单元。空间内部可进一步分割为更小的子空间，通过两个以上的出入口和其他单元相联系，关联通道的数量为多个，可以实现换路的作

用。如图 4-1 中的 Room3，内部包括了 R30 和 R31 两个子单元，有两个门分别和廊道 Corridor 1、Corridor 2 相关联。

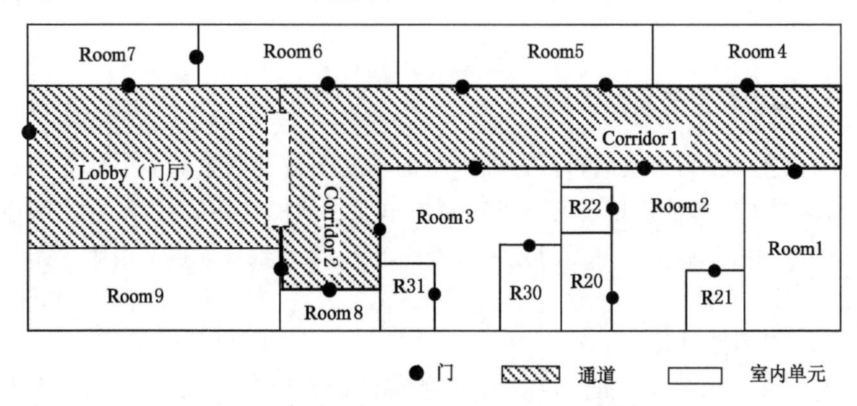

图 4-1　室内空间单元示意图

以上各子类型都可以成为寻径的目标，其中单连通无子网单元可称为叶子单元，可以作为路径的起点或者终点，单连通有子网单元以及复连通有子网单元包含内部网络，可以根据需要被设定为导航路径上的中间点，复连通无子网单元以及复连通有子网单元提供了换路功能。

(2) 联系性单元

联系性单元为封闭单元的缓冲区，功能上主要是为了解决室内联系和疏散问题，用来实现单元之间、单元内外以及楼层之间的联系和通行，如图 4-1 中的 Corridor 1、Corridor 2 和 Lobby 等。根据沟通联系的方向，可进一步划分为：① 水平联系性单元。实现楼层内水平方向的联系和疏通，如过道、走廊以及门厅等。② 垂直联系性单元。用来实现楼层之间垂直方向的沟通，且与水平通道网络有节点相连，如联系不同楼层的电梯、楼梯、自动扶梯等[15]。

(3) 门廊单元

门廊单元指沟通和联系室内单元之间的出入口，处在单元之间的联系通道上，如房间的门、电梯出口以及建筑物的出入口等，其可以通过开启和关闭影响室内单元之间沟通联系的状态。图 4-1 中各个门的位置即为门廊单元。

4.1.2　室内空间拓扑元素

道路导航是室外 GIS 研究较多且应用较为成熟的领域，因此可借鉴地理信息系统中较为成熟的节点-弧段模型(Node-Arc model)，将室内空间单元抽象为空间点元素和弧段元素，形成由弧段和节点组成的通道网络模型，图 4-1 所对应的网络图如图 4-2 所示。

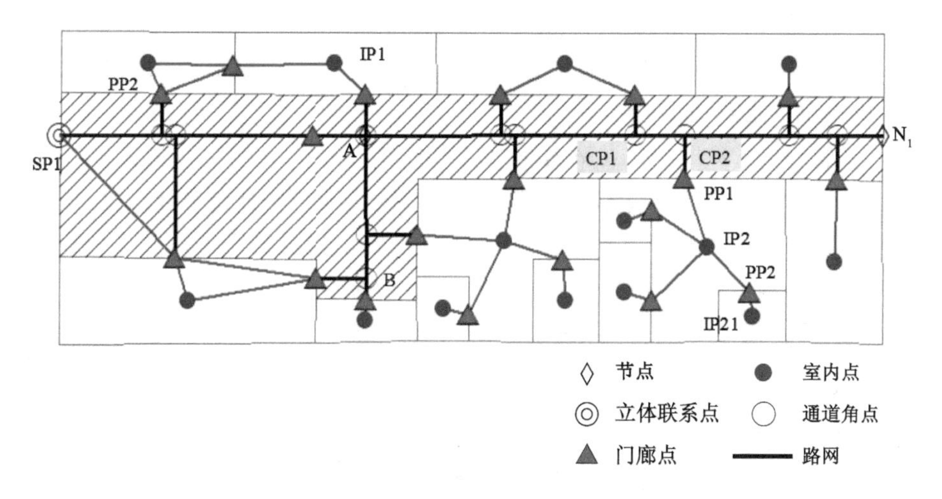

图 4-2 室内拓扑要素类型

(1) 点元素

点元素是表达室内网络上的节点，如建筑物、房间以及楼梯的出入口等。依据作用以及连接情况，节点中又有以下几种特殊的类型。

① 室内点。封闭性单元的内部，由封闭式单元边界信息获得，可以表征目标单元。如图 4-2 中的 IP1、IP21 即为室内点，分别代表了房间 Room6 和房间 R21。

② 门廊点。表征门廊单元的位置，由于其处在单元之间联系的路径上，故称之为门廊点，该类点位置可由门廊位置获得。图 4-2 中 PP1、PP2 为门廊点，分别代表的是 Room7 和 Room2 的位置。

③ 立体联系点。为联系不同楼层的节点，可根据需要向上、向下进入其他楼层，也可以通过门廊进入水平楼层的通道网络内，如电梯、楼梯口的门廊点。如图 4-2 中的 SP1 代表和室外或不同楼层之间的联系点。

④ 通道角点。封闭式单元通过门廊单元和廊道直接相连的点。如图 4-2 中 CP1、CP2 为 Room5 和 Room2 分别通过门廊点和廊道所相连的通道角点。

⑤ 其他节点。主要包括通道网络内除了以上点之外的端点、交叉点和汇聚点等。

(2) 弧段元素

室内多层建筑都会有水平或垂直交通，并在室内空间构成了室内通道网络。室内空间联系通道可以用弧段来表达，并根据弧段沟通联系的方向分为层间联系弧段和水平联系弧段[15]。

① 层间联系弧段。由楼层之间的垂直联系单元简化而成，表现为由立体联系点所构成的垂直通道。

② 水平联系弧段。描述室内单元之间的水平联系，为楼层内联系性单元简化而成，如图 4-2 中的 N_1A、ASP_1 弧段。在实际应用中，可根据连通关系的复杂性、寻径目标的层次性，借鉴分层次认知的思想，构建等级不同的水平弧段。例如按照通道功能的不同将室内通道划分为两个等级：水平联系性单元和垂直联系弧段紧密联系构成了一级通道网络，它们构成了室内联系和沟通的骨架通道网络；有子网室内单元可以通过室内点—门廊—通道构建次级水平联系弧段，构成主通道分支。不同级别的通道网络密切配合，确保室内通道网络模型的完整性。在实际应用中，更深级别的通道可以根据寻径的需要来确定是否构建，若导航目的地不需要进入室内，那么次级通道就可以不必构建。

4.1.3 室内拓扑关系

(1) 拓扑关系类型

由以上分析可知，室内空间是由封闭性单元和联系性单元组合而成的非重叠区域。门廊单元是单元之间沟通联系的关键。所以根据单元之间的连接情况，室内单元之间的拓扑关系主要包括以下几个方面：

① 邻接关系。表达了室内空间单元之间的邻接关系，室内单元之间通过门廊可进入对方的空间，如图 4-1 中的 Room6 和 Room7，廊道 Corridor1 和 Room1、Room2 以及 Room3 等。

② 拓扑包含。表现为室内空间单元之间的包含关系。如图 4-1 中 Room3 包含了 R31、R30，或者说 R30、R31 是在 Room3 中所分割出来的空间。

③ 相离关系。单元之间没有直接相连的通路，若想进入对方的空间，必须通过第三方的空间(例如走廊或者房间等)才可以实现。如图 4-1 中的 Room5 和 Room2，行人需要穿过联系性单元 Corridor1，才能进入 Room2 单元。

④ 相交关系。两个空间单元之间存在重叠的空间缓冲部分，重叠部分可以有门，也可以没有门，但是存在开放的空间区域。如图 4-1 中的门厅和廊道之间有一个开放的空间，实际上也可以退化表示为拓扑邻接的关系。

(2) 拓扑关系表达

为了利用室内单元之间的拓扑关系构建通道网络，应用中可通过设计数据库来存储和表达。下面以图 4-1 结合图 4-2 介绍室内空间单元之间的拓扑关系表达。

① 室内单元表。存储室内单元信息，如表 4-1 所示。导航搜索目标时，用户可利用单元的名称进行查找。表中 Type 表示室内单元不同类型，0 表示单连通无子网单元，1 表示单连通有子网单元，2 表示复连通无子网单元，3 表示复连通有子网单元，4 表示联系性单元。为了表达单元之间的包含关系，表中给出了 ParentID 字段，表示其父节点 ID，如果该值为 −1，表示为顶层节点。Depth 为深度信息，0 表示整个楼层，1 表示第一级室内单元，2 表示第二级室内单元。

表 4-1 室内单元表

ID	Name	室内点 ID	Type	所在楼层	ParentID	Depth
R001	Room2	IP2	1	1	−1	0
R006	Room6	IP1	2	1	−1	0
C001	Corridor1	/	4	1	−1	0
R021	R21	IP21	0	1	R001	1
…	…	…	…	…	…	…

② 门廊-单元关联表。表征门廊单元所关联的室内单元，如表 4-2 所示。主要包括门廊 ID、隶属单元 ID、所在楼层以及所关联的室内单元集合，其中关联单元集合表示该门廊所关联的单元标识符集合。

表 4-2 门廊-单元关联表

门廊 ID	名称	隶属单元 ID	关联单元集合	所在楼层
PP1	Room2	R001	R001，C001	1
PP2	R21	R021	R021，R001	1
…	…	…	…	…

③ 弧段-节点表。表达楼层内以及楼层之间的连接关系，如表 4-3 所示，Type 表示弧段类型，0 表示水平弧段，1 表示垂直弧段；单双向标志中 0 表示双向，1 表示单向。

表 4-3　弧段-节点表

弧段标识符	Type	所在楼层	中间点集合	单双向标志	级别
H01	0	1	IP21,PP2,IP2	0	3
H02	0	1	IP2,PP1,CP2	0	2
H03	0	1	N1,A	0	1
…	…	…	…	…	…

④ 节点-弧段关联表。表示通道网络中节点所关联的弧段,如表 4-4 所示。

表 4-4　节点-弧段关联表

点标识符	所在楼层	关联弧段 ID
IP21	1	H01
CP2	1	H02
PP1	1	H03
…	…	…

⑤ 节点表。表示通道网络中节点信息,如表 4-5 所示,其中 Type 为点类型标志,0 表示室内点,1 表示门廊点, 2 表示立体联系点,3 表示角点,4 表示通道节点。

表 4-5　节点表

点标识符	Type	坐标	所在楼层
IP1	0	x1,y1,z1	1
CP1	2	x2,y2,z2	1
PP1	1	X3,y3,z3	1
SP1	3	X4,y4,z4	1
…	…	…	…

4.2 室内路网自动构建流程

4.2.1 室内几何模型预处理

室内几何模型预处理包括几何模型语义分割、室内单元划分以及室内单元拓扑关系构建等内容。

室内空间主要是通过三维几何模型来呈现室内场景模型的位置、分布及其之间关系的。室内几何模型多由三维软件(如 Sketch Up、3DMAX 等)构建,虽然可以满足几何渲染表达的需要,但是难以满足空间分析的需要。因此,利用现有几何模型,识别室内各种对象的形状和属性,基于几何模型语义层面的逻辑性关系提取封闭性单元,确定所属的单元类型,利用楼层边界裁剪封闭性单元获取联系性单元。由于室内单元是通过门廊进行联系的,且门廊是室内单元拓扑关系构建的关键,因此在室内单元划分的基础上,提取各门廊单元。

根据所划分的室内单元,获得几何模型单元的边界、封闭性单元室内点信息,并利用单元之间的关联、邻接和包含关系填充室内单元表信息,并利用门廊单元和封闭式单元、联系式单元之间的关系完成门廊-单元关联表的构建,为后面拓扑网络的构建奠定基础。

4.2.2 室内通道网络的构建

室内通道网络的构建包括楼层内构网和层间建网两个环节。

(1) 层间路网

利用立体联系单元所联结的楼层或楼层高度信息获得立体联系单元在各楼层的室内点以及门廊点,通过立体联系单元在各楼层的室内点连接构建层间垂直弧段,并填充楼层联系表。

(2) 层内路网

基于所剖分的室内联系性单元,结合直接中轴变换算法[16,17],获得各楼层的室内廊道水平弧段,构成楼层内水平骨干网络。

封闭性单元处理:

① 获得封闭性单元集合 A,选择属于集合 A 的任一节点 Nodei,作为当前单元 currentNode;

② 连接 currentNode 单元的室内点以及所关联的门廊点,构建室内点-门

廊点弧段集合。

③ 获得 currentNode 的子节点集合信息 B,如果子节点个数为 0,则转到步骤①处理下一个封闭单元,如果子节点集合不为 0,则将 currentNode 作为父节点 parentNode,选择 B 集合的任一子节点作为 currentNode 单元,循环处理,转到②;

④ 直至处理完所有单元为止。

封闭性单元和联系性单元连接:根据门廊单元和联系单元弧段的关联关系,将深度为 0 的封闭性单元的门廊点连接到邻近的走廊弧段上,获得层内网络。

(3) 层内层间网络连接

根据立体联系单元在各楼层的门廊点,连接各楼层的一级水平联系弧段,实现层间网络的互联,从而构建建筑内部网络。

4.3 实验应用

4.3.1 研究区域

为了说明基于拓扑关系的室内路网自动构建过程以及特点,这里以国内某商业中心大厦作为研究区域,大楼共分 5 层,有扶梯 3 部、电梯 7 部和疏散楼梯 7 部,各楼层的功能区域、分布情况基本相似。本书以该商业中心的第 1 层和第 4 层的路网构建为例进行说明,图 4-3 为 1 楼和 4 楼室内房间以及走廊的分布平面图,按照 4.2 部分的内容和步骤进行室内单元的划分,图 4-4 为研究区域的 1 楼和 4 楼封闭单元、立体联系单元、开放单元以及门廊单元。

图 4-5(a)为联系 1 楼和 4 楼的垂直弧段;基于直接中轴变换算法获得 1 楼和 4 楼的联系性空间的主要廊道弧段(水平弧段),如图 4-5(b)所示;图 4-5(c)为 1 楼和 4 楼各封闭性单元以及封闭性单元子网络和楼层内主廊道弧段连接的结果。图 4-5(d)为将立体联系单元的门廊点和楼层内通道网络联系起来获得的大楼室内通立体联系网络。

4.3.2 寻径测试

为了测试所提方法的实用性,本书预设两种不同用户类型的路径情境,请求规划一条从房间 125 到房间 402 的路线。其中,情境 1 中用户类型为正常用

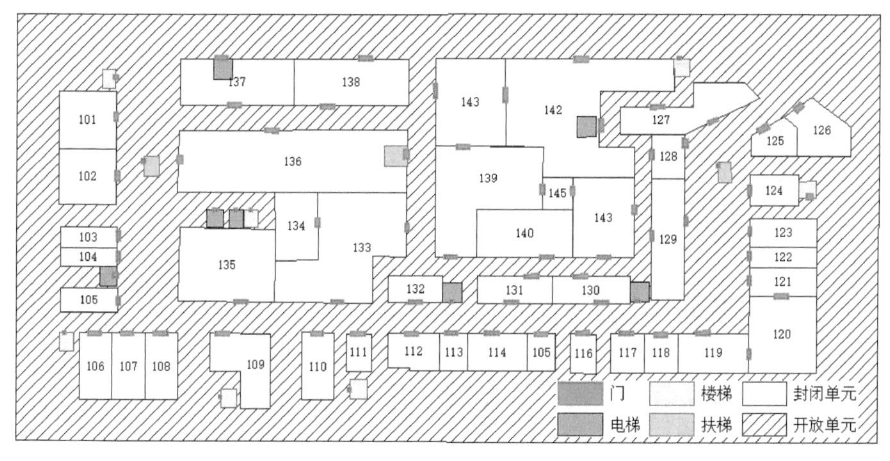

(a) 1F

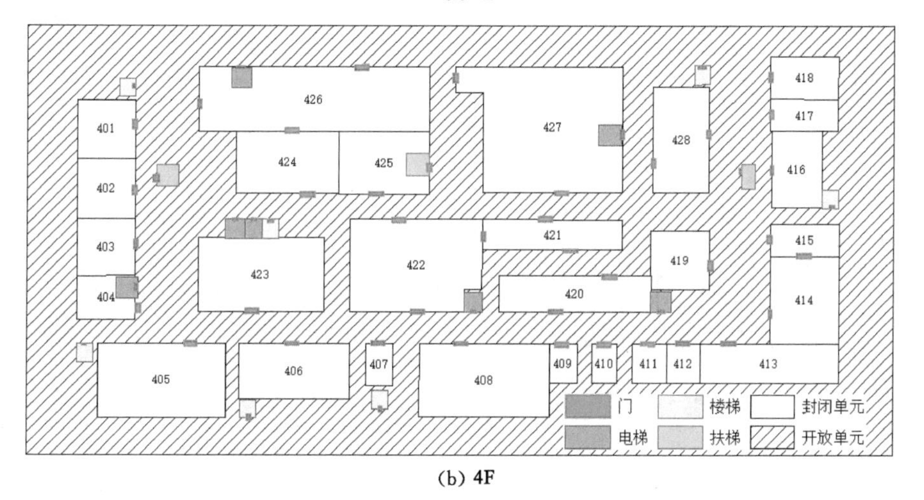

(b) 4F

图 4-3　室内单元类型

户；情境 2 中用户类型为轮椅人士，两种情境上下文的路径规划均不受其他上下文因素的影响。利用 Dijkstra 算法进行寻径计算，结果如图 4-6 所示。由图可知，情境 1 和情境 2 中分别选择了扶梯和电梯作为其上下楼通行的工具。由于情境 2 中的用户类型为轮椅用户，因此，在路径规划的可用路网确定阶段将与用户通行能力不相符的楼梯和扶梯两种类型的边权值设为无穷大，进而导致情境 2 所推荐路线中选择了电梯作为其上楼的工具。

随着室内空间规模的大幅增加以及室内空间功能的日益复杂，用户对高效的室内寻径与导航的需求日益迫切。本书面向室内路网构建这一现实问题，在

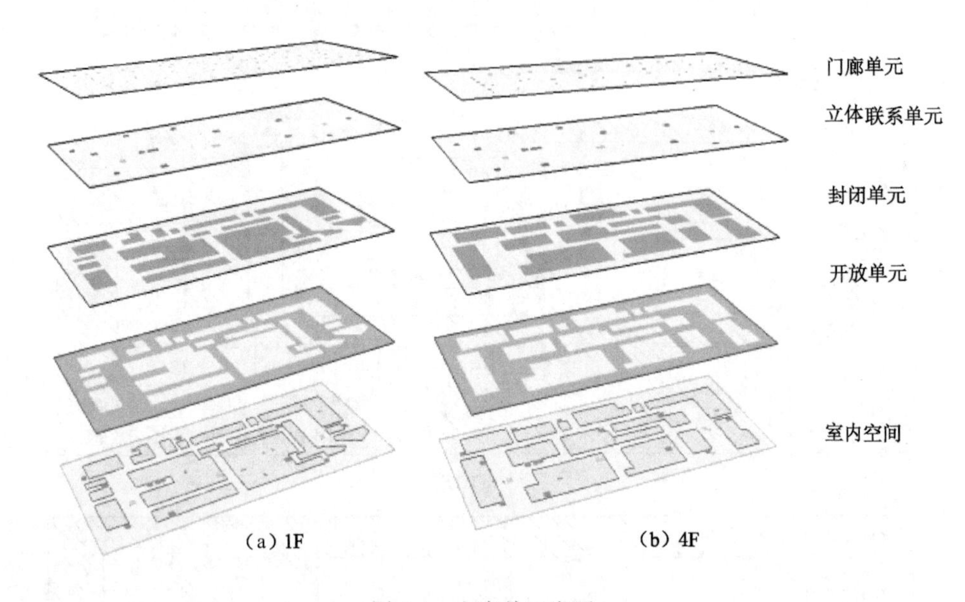

图 4-4　室内单元类型

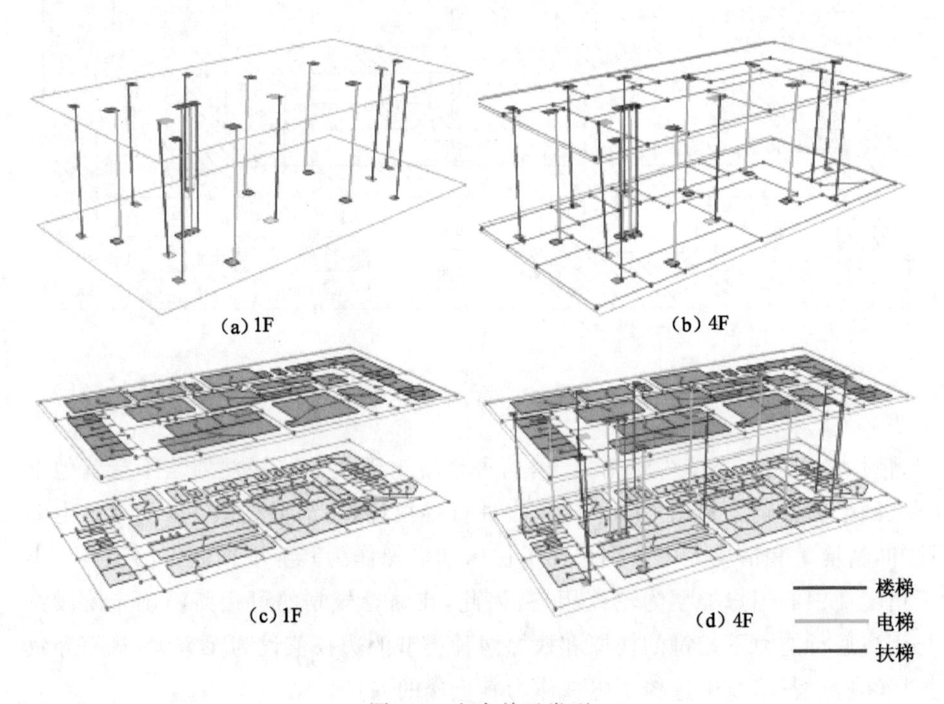

图 4-5　室内单元类型

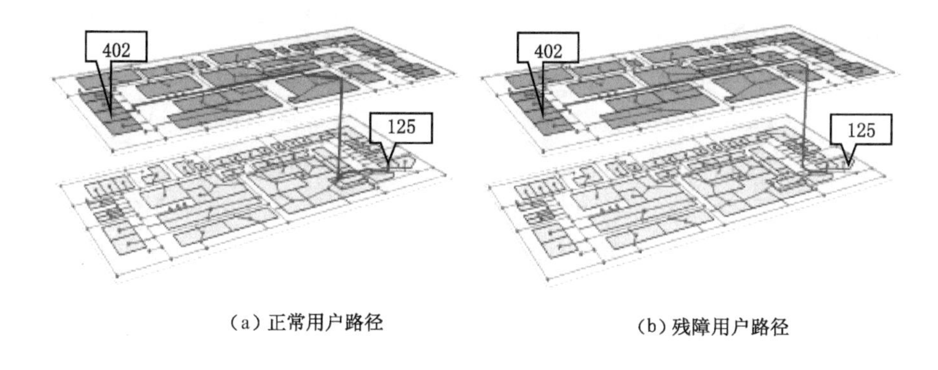

(a) 正常用户路径　　(b) 残障用户路径

图 4-6 室内单元类型

分析室内空间区域功能，总结室内空间拓扑基本元素，概括室内不同拓扑元素之间空间关系的基础上，研究和探讨了室内路网的自动构建算法步骤和流程[18]，并以某商业中心作为分析对象，描述了室内路网的构建与实现流程，验证了模型的应用性、可行性和有效性。实验结果表明，该方法是一种行之有效的方法，基于数据库来存储室内单元的拓扑关系数据，能够较为方便地实现室内通道网络的构建。研究的下一步工作是进一步完善模型，深入研究路网规划的动态特性，结合室内外路网融合应用的寻径和导航的现实需求，实现室内外路网的一体化自动(融合)构建，改善和拓宽模型应用，进一步探索其在室内外空间中潜在的可能应用，为有关部门在规划或救灾中提供决策支持。

参考文献

[1] 李德仁，刘强，朱庆. 数码城市 GIS 中建筑物室外与室内三维一体化表示与漫游[J]. 武汉大学学报 · 信息科学版，2003，28(3)：253-258.

[2] NOSSUM A S. IndoorTubes A novel design for indoor maps[J]. Cartography and Geographic Information Science，2011，38(2)：192-200.

[3] WORBOYS M. Modeling indoor space[C]//Proceedings of the 3rd ACM SIGSPATIAL International Workshop on Indoor Spatial Awareness-ISA'11，November 1，2011，Chicago，Illinois. New York：ACM Press，2011：1-6.

[4] GILLIÉRON P Y，MERMINOD B. Personal navigation system for indoor applications：11th IAIN World Congress，October 21-24，2003，Brelin，Ger-

many[C]. [S. l: s. n.]: 2003.

[5] LEE D T. Medial axis transformation of a planar shape[J]. IEEE Transactions on Pattern Analysis and Machine Intelligence, 1982, 4(4): 363-369.

[6] BLUM H. A transformation for extracting new descriptors of shape[J]. Models for the Perception of Speech & Visual Form, 1967, 19: 362-380.

[7] LEE J. 3D data model for representing topological relations of urban features[C]//Proceedings of the 21st Annual ESRI International User Conference, San Diego, CA, USA. [S. l: s. n.]: 2001.

[8] LEE J. A spatial access-oriented implementation of a 3D GIS topological data model for urban entities[J]. GeoInformatica, 2004, 8(3): 237-264.

[9] PU S, ZLATANOVA S. Evacuation route calculation of inner buildings [M]//Geo-information for Disaster Management. Heidelberg: Springer-Verlag, 2005: 1143-1161.

[10] 李渊. 基于语义信息的建筑尺度多模式应急路径诱导方法[J]. 华中建筑, 2007, 25(3): 109-111.

[11] KIM Y J, KANG H Y, LEE J. Development of indoor spatial data model using CityGML ADE[J]. The International Archives of the Photogrammetry, Remote Sensing and Spatial Information Sciences, 2013, XL-2/W2: 41-45.

[12] GOLLEDGE R G. Geographical perspectives on spatial cognition[J]. Behavior and environment: Psychological and geographical approaches, 1993: 16-46.

[13] RATTI C. Space syntax: some inconsistencies[J]. Environment and Planning B: Planning and Design, 2004, 31(4): 487-499.

[14] 张兰. 室内地图的空间认知与表达模板研究[D]. 郑州: 解放军信息工程大学, 2014.

[15] 王行风, 汪云甲. 一种顾及拓扑关系的室内三维模型组织和调度方法[J]. 武汉大学学报·信息科学版, 2017, 42(1): 35-42.

[16] TANG S J, ZHU Q, WANG W W, et al. Automatic topology derivation from ifc building model for in-door intelligent navigation[J]. The International Archives of the Photogrammetry, Remote Sensing and Spatial Information Sciences, 2015, XL-4/W5: 7-11.

[17] TANEJA S,AKINCI B,GARRETT J H J,et al. Algorithms for automated generation of navigation models from building information models to support indoor map-matching[J]. Automation in Construction,2016,61: 24-41.

[18] LUO F X,CAO G F,LI X. An interactive approach for deriving geometric network models in 3D indoor environments[C]//Proceedings of the Sixth ACM SIGSPATIAL International Workshop on Indoor Spatial Awareness-ISA'14. November 4,2014. Dallas/Fort Worth,Texas. New York: ACM Press,2014:9-16.

5 面向室内导航的分层认知路网优化方法

5.1 引言

根据室内地图匹配的适用性，室内导航路网可以分为基于网络、基于格网等模型[1-4]。基于网络的导航数据多直接把室外道路网络模型引入室内空间中[5,6]，如 Lin 为面向应急救援所构建的室内疏散路径[7]；Lee 在考虑室内单元语义、逻辑关系的基础上，提出了三维节点关系结构模型（the Node Relation Structure，NRS）[8]；Chen 等面向消防模拟的需求，构建和提出了 GNM 模型（Geometric Network Model，GNM）[9]；Thill 则整合了室内外联系特点和沟通方式，构建了面向室内外统一寻径的三维通道网络模型[10]。此外，Gupta、Lin 以及赵彬彬等也做了类似的研究[11-13]。基于格网的导航数据模型根据空间划分规则可以分为规则划分格网模型和非规则划分格网模型。规则划分格网模型将室内空间划分为均匀大小的格网单元，每个单元包含单元标识、边界、类型等属性以及邻接单元，在此基础上构建格网模型连通图[14,15]，规则格网模型易于生成和存储，但将网格单元组合在一起难以保证形状的精确表达。不规则划分格网模型多将室内空间进行三角化剖分以用来支持路径查找[16]。不规则格网模型可以根据室内空间特点灵活调整单元格的形状、大小，避免了规则划分方式带来的冗余存储和计算代价，但这种方式无法提供精确的室内空间位置描述，语义特征表达模糊。基于网络的室内路网多是室外道路网络模型的简单借鉴，较少考虑到用户室内空间认知的特点。室内外空间认知特性上的差异导致基于路网模型所给出的线状导航路径和实际有一定的出入，所给出的导航路径多仅具有参考意义，难以满足实际需求[17,18]。格网模型多缺乏对室内空间单元的定义，语义特征缺失，单元之间拓扑信息描述不足，因此对室内空间分析的支持能力有限[19]。

因此，本书拟在顾及人的室内心理认知行为特点的基础上，从语义层面分析室内空间逻辑构成，剖析室内单元之间拓扑关系，综合考虑和概括室内路网结构和特征，探讨室内分层路网模型的优化构建策略，以提高室内复杂环境的路径引导效率从而服务于不同寻径需求。

5.2 室内空间分层认知路网优化方法

对于室内空间来说，分层认知是人们常用的一种心理认知模型，即使用户对室内空间很熟悉，分层认知依然是室内空间路径规划采用最多的认知方式。基于我们的前期研究[21,22]以及室内导航寻径的需求，遵循“感知—认知—经验”认知规律[23]，本书提出基于室内空间认知分层路网优化方法，主要包括室内空间的立体性分层认知、室内单元划分、室内单元剖分和室内单元分层优化编码等主要环节，技术路线如图 5-1 所示，下文对该方法实现的主要内容进行详细说明。

5.2.1 室内空间分层认知

基于室内空间分层认知模型，室内外路网可以概括为街道-建筑物、建筑物-楼层、楼层-区块、区块-房间四个认知层次的子网络，从而构成了多层次表达的树状网络。本书以某建筑物 CESI 为例(图 5-2)，对各个认知层次路网的基本特点说明如下：

(1) 街道-建筑物级路网(Street-Building)。该层级路网表达城市街道级别的路网基本轮廓，属于路网结构认知的整体式体验，建筑物作为路网网络中的节点来表达。如图 5-2(a)中 CESI 被抽象为节点，道路被简化为路网，可感知 CESI 与路网的关系。

(2) 建筑物-楼层级路网(Building-Floor)。将建筑物垂直方向上的连接关系作为感知对象被感知，形成对建筑物楼层之间关系的认知。在该层次中，建筑物由不同的楼层组成，楼层之间通过垂直路径(如楼梯、电梯等)相连。图 5-2(b)表达了 CESI 由 5 个楼层组成，楼层之间包括 5 个垂直方向的通道。

(3) 楼层-区块级路网(Floor-Block)。感知层次进入水平楼层空间，感知的对象为单个楼层，应用中可根据水平楼层的复杂情况对室内实体对象进行简化、关联及综合加工以实现分区，各个分区之间构成连通子图。图 5-2(c)表达了 CESI 大楼某楼层被划分为 A、B、C 3 个区域，各个区域的连通关系可通过走

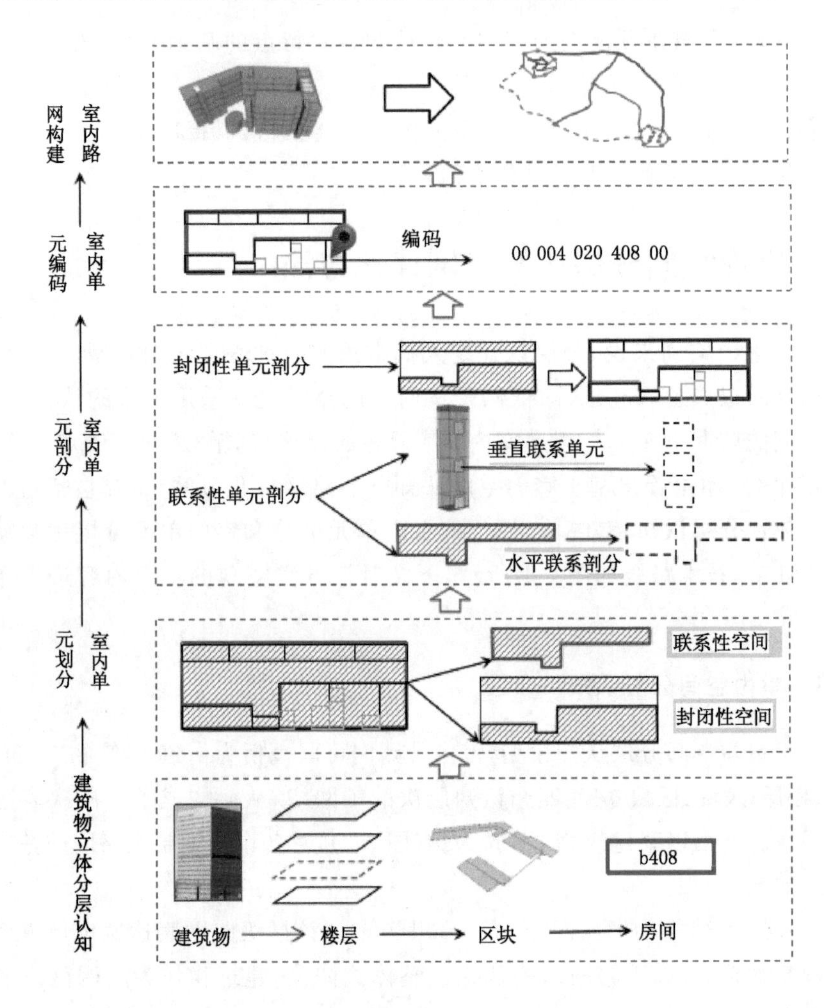

图 5-1　室内空间分层认知路网优化方法

廊等弧段来表达。

(4) 区块-房间级路网(Block-Room)。该层次的感知层次最具体，每个室内空间单元被分配至不同的区块[图 5-2(d)]，区块通过联系单元与楼层联系，再通过楼层之间的垂直通道与室外道路相联系，最后形成真实的路网图形。

5.2.2　室内空间基本单元定义

室内空间单元的划分是室内网络模型定义的基础，室内对象及其关联关系直接影响室内单元连接关系的定义及拓扑复杂度的计算与表达。本书基于前

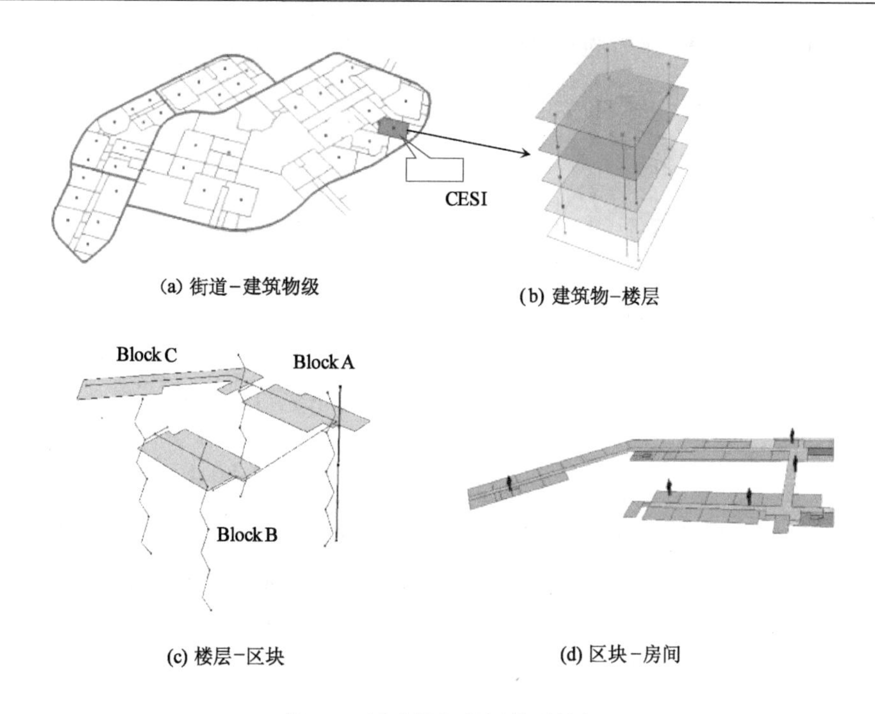

图 5-2 层次认知路网模型特征

期的研究成果[20]并结合前文的室内空间认知分层模型，面向室内导航应用定义了 2 种室内空间基本对象：房间单元和链接单元。

(1) 房间单元(Room Unit，RU)

房间单元具有明确的边界形态，通过出入口与其他空间相联系，多表现为具有一定独立功能的房间，如教室、会议室、办公室等。房间单元可以设置开放、关闭状态，可以通过调整出入口的开关状态以控制与其他单元之间的联系[21]。

(2) 链接单元(Linked Unit，LU)

链接对象处在室内不同单元之间的联系路径上，起到沟通和联系室内不同区域空间的作用，如建筑物出入口、门等。根据连接维度的不同，其可分为二维链接对象和三维链接对象，二维链接对象位于水平楼层内，如廊道、门厅等；三维链接对象为联系不同楼层的室内单元，可根据需要向上、向下进入其他楼层，也可以通过廊道进入水平楼层内，如电梯、楼梯等。

室内空间可以看作是由房间对象通过链接对象链接所形成的三维网格空间，房间单元可以看作是室内空间通过链接对象进行空间再限定后而产生的功能上彼此联系的独立子空间。链接对象是室内空间划分的关键，通过链接对象可以实现室内空间的分割和限定。

5.2.3 室内空间剖分

按照功能作用的不同，室内空间可以划分为封闭性空间和联系性空间[21,22]，为了满足语义分析、寻径的需要，本书以链接单元作为分割要素，探讨如何基于链接单元对封闭性空间和联系性空间进行语义分割与剖分。

5.2.3.1 封闭性空间剖分

根据内部空间是否可以进一步剖分，封闭式单元可分为不可剖分、可剖分房间单元 2 种类型。

(1) 不可剖分房间单元

该类单元的内部不包括其他子单元，通过链接对象与其他单元相联系，是剖分层次等级最低的单元。如图 5-3 中的 Room5、Room6，2 个房间内部都没有子单元，Room5 有一个门和走廊 C1 相联系，Room6 有 2 个门与走廊 C1 相关联，一个门和走廊 C2 相关联。

(2) 可剖分房间单元

可剖分房间单元空间内部可以进一步分割为更小甚至是更多的子单元，通过一个或多个出入口和其他单元相联系。如图 5-3 中的 Room2，内部被 R20 和 R21 两个子单元进一步分割，有 1 个门和廊道 C1 关联，Room3 内部包含子单元 R31，有 2 个门分别和走廊 C1、楼梯处相关联。

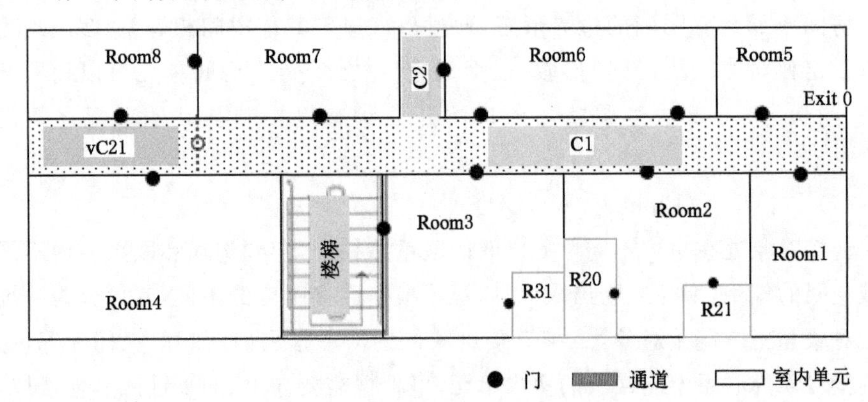

图 5-3 室内空间单元示意

5.2.3.2 联系性空间剖分

联系性空间主要是为了解决室内不同空间之间的沟通问题，多表现为具有联系作用的走廊、电梯和楼梯等，具有开放性的空间界线，多处于开放的状态。根据沟通联系的方向，联系性空间可进一步划分为水平联系空间、垂直联系空间[22]。

(1) 水平联系空间剖分

水平联系空间是为了实现水平空间的联系和疏通，如过道、走廊及门厅等，如图 5-4(a)中的水平联系空间 C。室内路网构建多将水平联系空间分割为水平廊道单元，进而抽象为弧段。处理思路一般有 2 种：① 将走廊定义为一个节点，该节点关联走廊周围的房间单元。如图 5-4(c)中 C2 是走廊，其关联 Room1、Room2、Room3、Room4、Room5、Room6、Room7、Room8 等房间。这种处理方式过于粗略，不仅难以满足语义分析的需要，而且在寻径时也无法获取精确结果，从而导致寻径失败；② 将廊道定义为一个由许多点组成的弧段，一般是在每一个有门的位置添加一个扩展节点，从而造成路网中节点过多，增加了系统算法开销。为了满足语义分析、寻径的需要，本书针对联系性单元引入“虚拟房间单元”，以实现联系性单元的剖分。

① 水平廊道单元

为了满足语义分析与表达的需要，本书对分割后的水平廊道单元做进一步的限定：a. 首尾节点提供换路功能，通过首尾节点可以进入其他水平廊道单元；b. 通过水平廊道的其余节点可以进入房间单元。如图 5-4(a)中的 C 是该示意图的水平联系空间，图 5-4(b)为按照该限定所分割的水平联系廊道单元，C 被划分为 C1、C2 和 C3 3 个水平廊道单元。

② 虚拟房间单元

“虚拟房间单元”是为了实现水平廊道单元的进一步分割而引入的，可视为房间单元的一种，由自然墙体和“虚拟链接对象”围合而成，其特点是永远处于开启状态。“虚拟房间单元”需要满足以下条件：a. 每一个虚拟房间单元至少关联一个室内房间单元(以减少分割后的单元个数)；b. 在同一侧只关联一个室内房间单元(考虑到换路问题)。如图 5-4(c)所示，C2 为水平廊道单元，vC21 单元为 C2 分割后的一个“虚拟房间单元”，其由 3 面实体墙和 1 个分割线组成，该分割线处可增加一个虚拟的链接对象(如门)。通过虚拟的“链接对象”和实体墙就可以得到一个分割后的房间单元 vC21，该单元语义上关联房间 Room8、Room4，也可以表达 Room8、Room4 下一步目的地是 vC21 单元。

③ 廊道单元剖分

引入虚拟房间单元之后，就可以把水平联系通道也剖分为一个个房间单元。室内水平联系空间从而就可以看作由通过空间再分割而产生的功能上彼此联系的多个“虚拟房间单元”组合而成。如图 5-4(c)所示，引入虚拟房间单元之后，C2 水平廊道单元是由虚拟房间单元 vC21、vC22、vC23、vC24、vC25 等组成的。

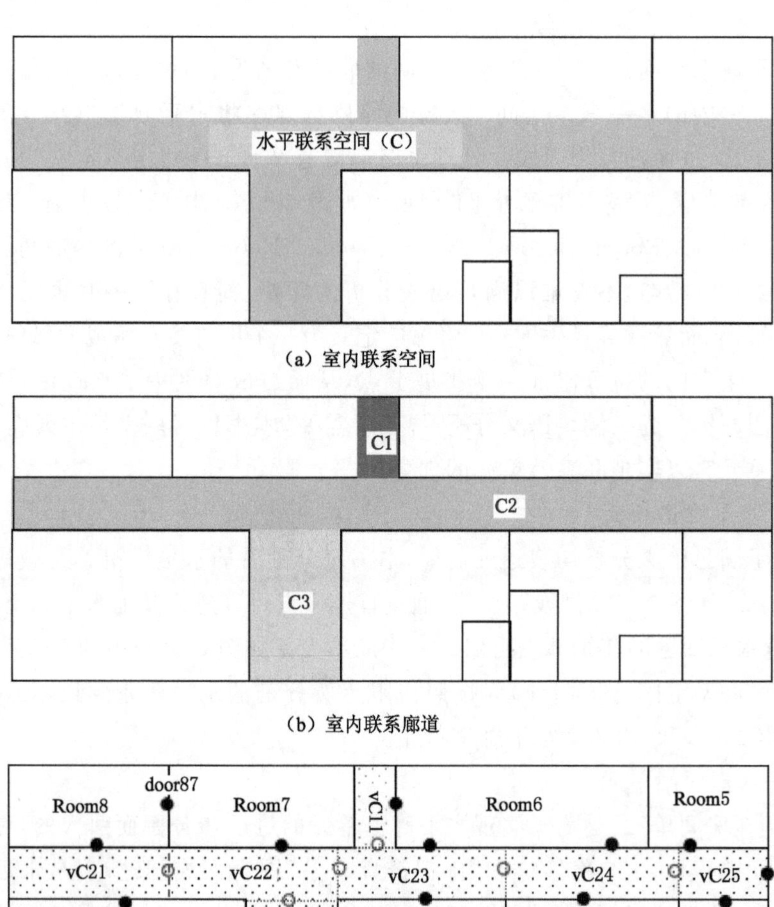

图 5-4　室内空间单元示意

(2) 垂直联系空间剖分

垂直联系空间主要用来实现楼层之间的沟通,如联系不同楼层的电梯、楼梯、自动扶梯等[21]。垂直联系空间多与楼层水平通道网络通过节点相连,可进入水平楼层内。垂直联系空间在垂直方向上可按照楼层进行自然剖分,在水平方向上可根据其与楼层的联系方式进行分割。

① 存在出入口(如门)。可以将出入口作为链接对象,将垂直联系单元剖分为房间单元,也可以根据需要开启或者关闭。如图 5-5(a)中的电梯,可以根据需要剖分为 3 个房间单元。

② 没有实体门,处于开放状态。如图 5-5(b)中的楼梯,可以根据需要在楼梯与水平楼层的连接处增加"虚拟链接对象"(如出入口),从而构成 3 个虚拟房间单元。

垂直单元可以视作是由多个基本弧段构成的,每个楼层在垂直方向上就有一个弧段,分割后本质上和水平联系单元的分割没有不同,如图 5-5(c)所示。

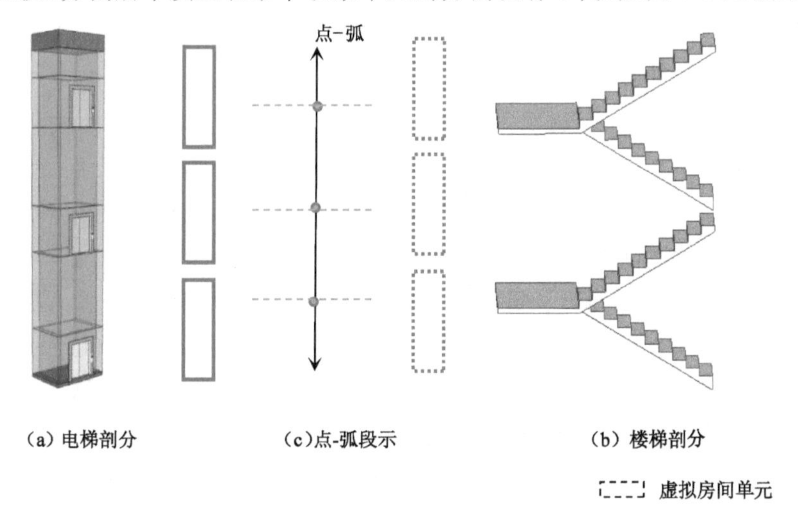

图 5-5 室内垂直单元剖分

5.2.4 室内拓扑关系

通过"虚拟房间单元"的引入,室内所有空间最后都被链接对象分割为房间单元,房间单元之间的拓扑关系可以概括为包含、邻接和相离 3 种关系。

(1) 拓扑包含

表现为房间单元之间的包含关系，也就是一个房间单元包含了另一个房间单元的所有出入口；如图 5-4 中 Room2 包含了 R20、R21，或者说 R20、R21 是 Room2 中所分割出来的子空间，R20、R21 的出入口都被 Room2 所包含。

（2）拓扑邻接

表达了房间单元之间的邻接关系，室内单元之间有共同的出入口，室内单元之间可以通过出入口进入对方的空间。如图 5-4 中的 Room8 和 Room7、Room8 和 vC21、vC21 和 vC22 都表现为邻接关系。

（3）拓扑相离

房间单元之间没有直接相连的通路，若想进入对方的空间，必须通过第三方的空间才可以实现。如图 5-4 中的 Room8 和 Room4。Room8 若想进入 Room4 的空间，必须穿过“虚拟房间单元”vC21，才能进入 Room4 单元。

5.2.5 室内空间单元编码

室内空间由不同类型的建筑物组件构成，人类根据思维习惯，会对已完成自然分割的室内单元进行相应的语义化编号，为室内房间单元级的定位提供一种特殊的位置表达方式，这对室内单元的语义关联、空间查询、拓扑关系以及寻径等都具有重要意义。依据室内空间分层认知模型以及室内单元剖分结果，本书提出一种室内单元认知分层编码方法(ICHCM，Indoor Cognitive Hierarchical Coding Method)来表示房间单元在建筑物空间中的位置。

ICHCM 的编码思路：将建筑物—楼层—分区—房间单元，按照从高层级到低层级的顺序进行连续编码，直到所要编码的单元位置。编码结构见图 5-6。左边 2 位是建筑物编码，楼层编码为编码的前 5 位，即建筑物编码加上从 000 到 999 的楼层编码；分区编码为前 7 位，即楼层编码加上从 00 到 99 的顺序号；房间单元编码为分区编码加上从 0000 到 9999 的编号。编码的最后两位为单元类型标识，00 表示房间单元，01 表示水平联系单元，02 表示电梯单元，03 表示楼梯单元，04 表示扶手梯单元。当编码不足规定位数时，高位的数字码可用

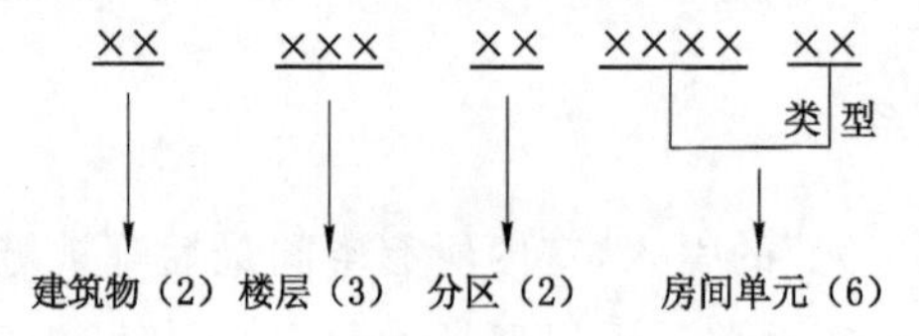

图 5-6　室内单元认知分层连续编码

“0”填充,如果建筑物室内结构简单,不需要分区,分区代码可以用“00”表达。

如图 5-7 中的电梯单元编码为 00 002 00 0001 02,其中 00 表示建筑物编码,002 表示楼层 2,00 表示不分区块,0001 表示编号为“0001”的房间单元,02 表示该单元类型为电梯。图 5-7 中的 2 楼 Room8 房间编码为 00 002 00 0008 00。00 表示建筑物编码,002 表示 2 楼,00 表示不分区;0008 表示编号为“0008”单元;00 表示房间单元。

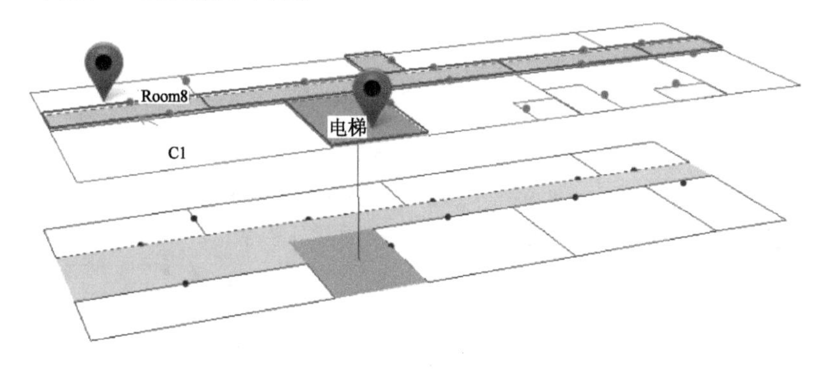

图 5-7　室内单元编码

ICHCM 编码对室内定位、拓扑分析、路网构建以及空间查询等都具有重要意义,如 00 002 00 0001 02 表示定位结果在房间 Room8 内,关联 Room8 房间,拓扑关系表达路径规划的下一步的目的地是水平联系单元 C1。要查询房间单元所在的楼层时,只需要截取编码前 5 位数字(00002),再到建筑物、分区、单元的信息表中查找标识是“00002”的记录,就可以知道该单元所在楼层为二楼以及该单元的属性信息。如果室内空间结构发生变化时,也只需要按照连续编码原则,进行局部更新(重新分割)即可,这对于在线更新是非常重要的。

5.3　实验应用

5.3.1　实验区域

为验证本书所提方法的适用性与实用性,这里选择某商业中心大楼作为实验区域,大楼共有 5 层,有扶梯 3 部、电梯 7 部和楼梯 7 部,各楼层的功能区域、分布情况大致相同。这里以该商业中心一楼的路网构建为例进行说明,图 5-8(a)为一楼室内空间二维分布平面图,所构建的 ICHCM 路网见图 5-8(c),考虑

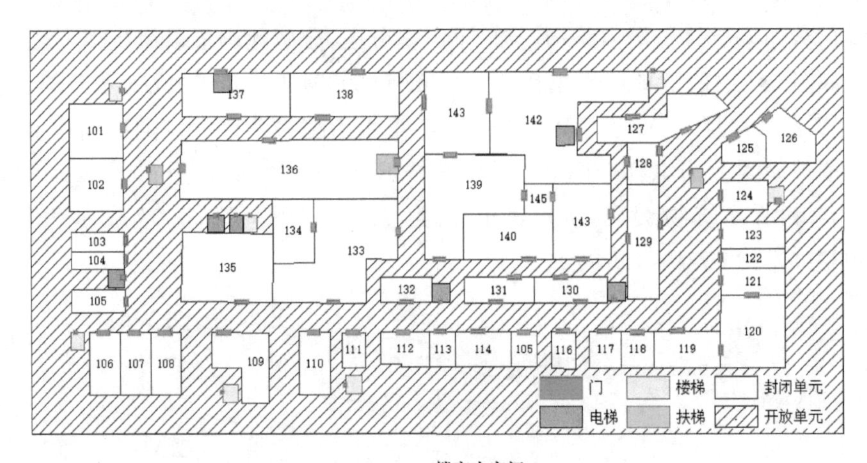

(a) 一楼室内空间

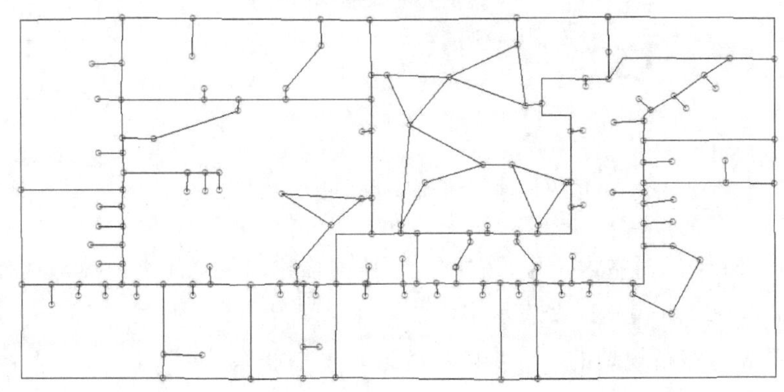

(b) 传统路网（一层）

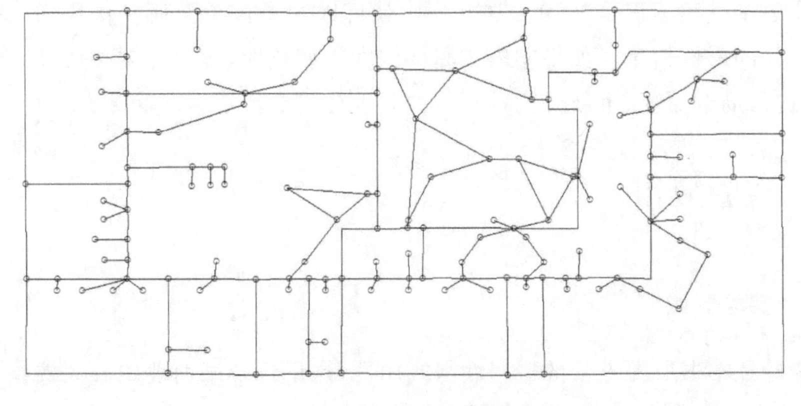

(c) ICHCM 路网

图 5-8 实验区域

到室内结构不甚复杂，本书没有进行功能分区。为进行对比，本书也采用传统方案（走廊上增加与门对应的扩展节点）构建了室内道路分层网络，如图 5-8(b)所示，两者所构建的网络信息见表 5-1。由表 5-1 可见，基于 ICHCM 模型所构建的路网节点数(638)和弧段数(726)都要小于传统方案所构建分层网络的节点数(756)和弧段数(870)，所以可在一定程度上提升寻径运算的效率。

表 5-1　实验区路网对比

楼层	节点数		弧段数	
	分层网络模型	ICHCM	分层网络模型	ICHCM
1 层	170	144	176	150
2 层	172	138	183	145
3 层	184	156	195	145
4 层	128	113	136	127
5 层	102	87	112	91
垂直弧段	/	/	68	68
总计	756	638	870	726

5.3.2　寻径实验

Dijkstra 算法是网络分析与导航运算领域中解决寻径问题的经典应用，且可以和 GIS 的点-弧模型高效结合，故本书选择 Dijkstra 算法对上述 2 种室内网络模型进行测试，设计同层寻径、跨楼层寻径 2 种方式，每种方式利用 Dijkstra 算法分别寻径 20 次，寻径的结果如表 5-2 所示。并以计算 1 楼 125 房间（编码：000100012500）到 5 楼 502 房间（编码：000500050200）的路径为例，根据认知分层编码，抽取节点和弧段动态构网的信息，如表 5-3 所示，寻径的结果见图 5-9。

表 5-2　路径节点弧段、寻径时间

	寻径方式	参与寻径的节点	参与寻径的弧段	寻径时间/ms
分层网络模型	同层	136	145	102
	跨楼层	263	272	216

表 5-2(续)

	寻径方式	参与寻径的节点	参与寻径的弧段	寻径时间/ms
ICHCM	同层	82	62	55
	跨楼层	205	176	102

表 5-3　125 房间到 502 房间路网信息

路网层次	节点数	弧段数	说明
Street-building	0	0	和室外街道路网相连的出入口
Building-floor	85	68	电梯弧段、楼梯弧段、扶梯弧段
Floor-block	113	108	建筑物的第一、五层的联系空间弧段信息
Block-room	5	4	第四层 A 区各个房间节点、弧段起止点、交叉点等
小计	203	180	

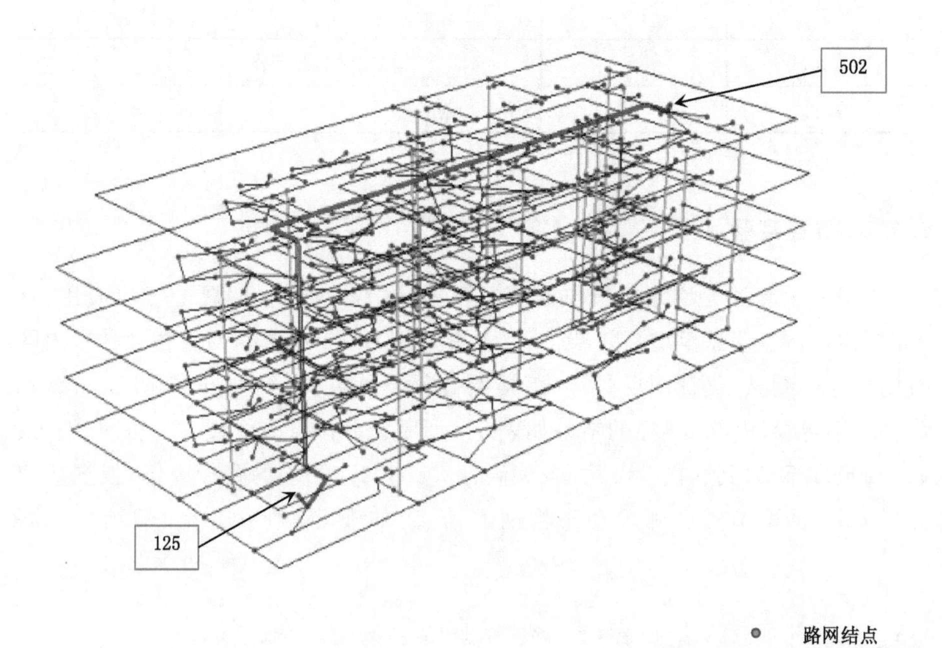

图 5-9　502 房间到 125 房间的路径

由表5-2、表5-3及图5-9可见，ICHCM模型通过空间感知进行了层次划分，每一个层次都可以减少参与运算的节点和弧段数，简化了计算网络，从而提高了运算的效率；寻径测试实验中基于ICHCM方法的分层路网模型的同楼层寻径时间约为55 ms，传统分层模型的同楼层寻径时间约为102 ms；基于ICHCM方法的分层路网模型跨楼层的寻径时间约为100 ms，传统分层路网模型的跨楼层的寻径时间约为216 ms。寻径计算的时间开销要优于分层网络模型。

虽然本实例中建筑物的楼层数较少，节点也不多，但实际上即使建筑物楼层数较多，通过分层、分区处理以及动态筛检构网都可以实现网络中节点数量的压缩，从而使得网络中参与寻径计算的节点数比较稳定，从而具有较优的时间开销。而在传统路网网络模型中，参与寻径的所在楼层的所有节点都需要参与运算，而且随着建筑物规模的增加，结点和弧段数也会大量增加，系统开销也越来越大，寻径的时间也会越来越长。

5.4 结语

本书面向应急疏散以及室内导航寻径的现实需求，以室内路网动态构建与优化作为研究对象，基于室内空间感知规律以及分层认知的方式，提出了顾及室内单元拓扑关系和语义特征的面向室内导航的分层认知路网优化方法，结论如下：

(1) 基于空间认知规律将室内外路网概括为街道-建筑物、建筑物-楼层、楼层-区块、区块-房间四个认知层次的子网络，从而构成了多层次表达的树状网络；

(2) 为了满足语义分析的需求，在分析室内单元功能的基础上，引入“虚拟房间单元”，将室内封闭性空间和联系性空间统一剖分为房间单元，并按照建筑物—楼层—分区—房间单元的顺序，对已完成自然分割的室内单元进行相应的语义化编码，从而为室内房间单元级的定位提供了一种特殊的位置表达方式，这对室内单元的语义关联、空间查询、拓扑关系以及寻径等都具有重要意义；

(3) 以某商业中心为实验区域，对传统分层模型和基于ICHCM方法的分层优化模型进行了构网和寻径测试，测试结果表明：基于ICHCM方法的分层路网模型的同楼层寻径时间约为55 ms，传统分层模型的同层寻径时间约为102 ms；基于ICHCM方法的分层路网模型跨楼层寻径时间约为100 ms，传统分层路网模型的跨楼层寻径时间约为216 ms，本书所提出的方法寻径时间开销明显优于分层网络模型，更符合人对室内通道网络的分层性认知需求，能够很好地刻画路网的层次特征，在满足最短路径算法计算精度要求的同时，计算时间可以减少为传统的点-弧模型算法的 1/2 左右。

实验结果表明，本书所提出的 ICHCM 编码方法对于室内位置信息的融合应用，例如室内应急疏散的寻径等问题，可以给出较为快速和合适的选择，能够为有关部门在规划或救灾中提供决策支持。但本书室内分层优化网络模型的构建，如节点、通道以及分层网络的实现目前尚是通过手工或半手工创建，效率较低。因此，如何根据室内拓扑空间的结构、功能的实际情况，设计室内空间各子区域的自动划分策略，快速构建不同等级层次的通道拓扑结构图，以取代目前的人工方法以提高 ICHCM 分层网络的构建策略，是下一步继续研究的方向。

参考文献

[1] 李清泉，周宝定，马威，等. GIS 辅助的室内定位技术研究进展[J]. 测绘学报，2019，48(12)：1498-1506.

[2] LIU L，LI B F，ZLATANOVA S，et al. Indoor navigation supported by the Industry Foundation Classes (IFC)：a survey[J]. Automation in Construction，2021，121：103436.

[3] FU M Q，LIU R. An approach of checking an exit sign system based on navigation graph networks[J]. Advanced Engineering Informatics，2020，46：101168.

[4] 赵江洪，董岩，危双丰，等. 室内导航路网提取研究进展[J]. 测绘科学，2020，45(12)：45-54.

[5] FU M Q，LIU R，QI B，et al. Generating straight skeleton-based navigation networks with Industry Foundation Classes for indoor way-finding[J]. Automation in Construction，2020，112：103057.

[6] HAN T，ALMEIDA J S，DA SILVA S P P，et al. An effective approach to unmanned aerial vehicle navigation using visual topological map in outdoor and indoor environments [J]. Computer Communications，2020，150：696-702.

[7] LIN J，ZHU R H，LI N，et al. Do people follow the crowd in building emer-

gency evacuation? A cross-cultural immersive virtual reality-based study [J]. Advanced Engineering Informatics,2020,43:101040.

[8] LEE J. A spatial access-oriented implementation of a 3-D GIS topological data model for urban entities[J]. GeoInformatica,2004,8(3):237-264.

[9] CHEN L C,WU C H,SHEN T S,et al. The application of geometric network models and building information models in geospatial environments for fire-fighting simulations[J]. Computers,Environment and Urban Systems,2014,45:1-12.

[10] DE THILL J C,DAO T H D,ZHOU Y H. Traveling in the three-dimensional City:applications in route planning,accessibility assessment,location analysis and beyond[J]. Journal of Transport Geography,2011,19(3):405-421.

[11] GUPTA S,R S,MISHRA R S,et al. Corridor segmentation for automatic robot navigation in indoor environment using edge devices[J]. Computer Networks,2020,178:107374.

[12] LIN W Y,LIN P H. Intelligent generation of indoor topology (i-GIT) for human indoor pathfinding based on IFC models and 3D GIS technology [J]. Automation in Construction,2018,94:340-359.

[13] 赵彬彬,王安,汤鑫,等.基于廊道空间几何特性的室内导航路网模型构建[J].长沙理工大学学报(自然科学版),2019,16(4):8-15.

[14] MA G F,WU Z J. BIM-based building fire emergency management:Combining building users' behavior decisions[J]. Automation in Construction,2020,109:102975.

[15] 尤承增,彭玲,王建辉,等.高精度室内地图辅助 VLC 与 PDR 融合定位[J].地球信息科学学报,2019,21(9):1402-1410.

[16] TU S S,WAQAS M,LIN Q Q,et al. Tracking area list allocation scheme based on overlapping community algorithm[J]. Computer Networks,2020,173:107182.

[17] LEE K,LEE J,KWAN M P. Location-based service using ontology-based semantic queries:a study with a focus on indoor activities in a university context[J]. Computers, Environment and Urban Systems, 2017, 62:41-52.

[18] 熊维茜,高平,呙维,等.面向多层建筑的室内外一体化路径规划算法[J].测绘地理信息,2020,45(1):44-46.
[19] 傅梦颖,张恒才,王培晓,等.基于移动对象轨迹的室内导航网络构建方法[J].地球信息科学学报,2019,21(5):631-640.
[20] 王行风.面向室内外一体化寻径的道路网络空间感知层次建模方法[J].测绘科学技术,2018,6(2):141-150.
[21] 王行风,汪云甲.一种顾及拓扑关系的室内三维模型组织和调度方法[J].武汉大学学报·信息科学版,2017,42(1):35-42.

6 基于室内超网络模型的疏散路径规划研究

本书对室内空间结构及其划分依据进行了分析探讨，在图论的基础上引入超图概念，将室内空间抽象为节点要素和超边要素，将丰富的室内空间场景信息量化存储为要素的几何信息、属性信息和语义信息，用邻接表的形式存储，构建了相应的室内三维超网络模型，进一步丰富室内网络模型的构建理论及方法。在此基础上，针对应急疏散场景，利用改进的Dijstra算法进行室内应急疏散路径规划研究，为人员密集的多层建筑的人员疏散策略制定提供辅助决策支持。

6.1 室内超网络模型

室内网络模型的构建，除了要参考传统模型的构建原理和方法之外，还需要兼顾具体需求目标和建筑内部结构的独特性。因此，需要根据实际情况对建筑内部空间进行分析，设计划分依据，对空间要素进行简化抽象，提取相关几何信息和属性信息，构建要素之间的拓扑网络，进而构建室内网络模型，确保模型科学合理。

6.1.1 室内网络模型

室内模型的建立涉及室内结构布局、空间对象状态、具体导航需求、用户上下文信息等空间信息和语义信息，还要包含室内拓扑网络信息[1,2]。构建基于基本图论的室内空间网络模型时，通过点和弧段表示空间结构。

(1) 室内点。其在有界区域的内部，可由有界区域的边界信息获取。在室内导航和定位时代表有界区域(图6-1中的点I1,I2,分别代表房间401和房间408)。一般代表建筑物内的独立的房间。

(2) 门廊点。其位于室内点与外部通道连接的路径上，因为在室内空间中大多通过门与通道(如走廊)相连,且点的位置可以通过门的位置获取(图 6-1 中的 P_1、P_2、P_3、P_4,代表了每个房间门的位置)。

(3) 通道节点。楼层内主要通道之间的交点,表现为通道弧段的端点或者通道弧段之间的交汇点、交点,由此,通道节点和弧段相连通构成了室内空间的通道几何网络(图 6-1 中的 1、2、3、4)。

(4) 通道角点。其指除了端点、交点和交汇点以外的通道网络的中间点,与有界区域直接相连,且大多通过门廊点与室内点相连(图 6-1 中的 C_1、C_2、C_3)。

(5) 立体连接点。其目的是将不同的楼层联系在一起,如楼梯、电梯、扶梯等点,可根据实际情况从垂直方向进入水平方向楼层的通道网络中。

(6) 垂直联系弧段。该类型弧段上的点由立体联系点构成,用于连接不同楼层的通道。建筑物中能表示成垂直联系弧段的一般为楼梯、电梯和扶梯等。不同楼层的网络结构通过该弧段得以连通,形成完整统一的室内三维网络模型。

(7) 水平联系弧段。其是同一楼层内水平连通的主要通道弧段,组成楼层内的主通道网络(图 6-1 中的弧段 1—2、2—3、2—4、2—5)。同一楼层内其他节点和弧段之间的沟通大多数通过水平联系弧段,它是同一楼层内网络的主体结构。

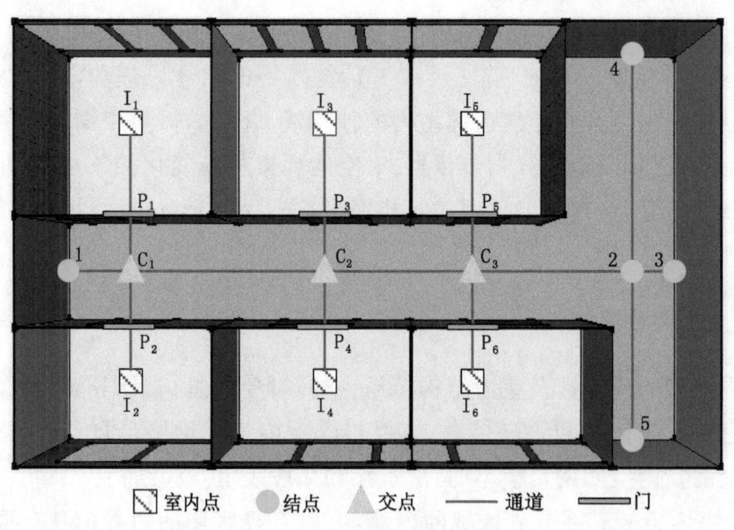

图 6-1　室内网络模型结构划分

(8) 有界区域点-门廊-通道连接弧段。其指有界区域和主通道之间的过渡弧段(图 6-1 中弧段 I_1—P_1—C_1)。此弧段将位于主通道两旁且需要通过主通道与其他点或弧段联系的点连接到主通道上。

因此,基本图论的室内网络模型可以看成是由节点和弧段构成的网络模型,图 6-2 所示就是基本图论的室内网络模型示例。

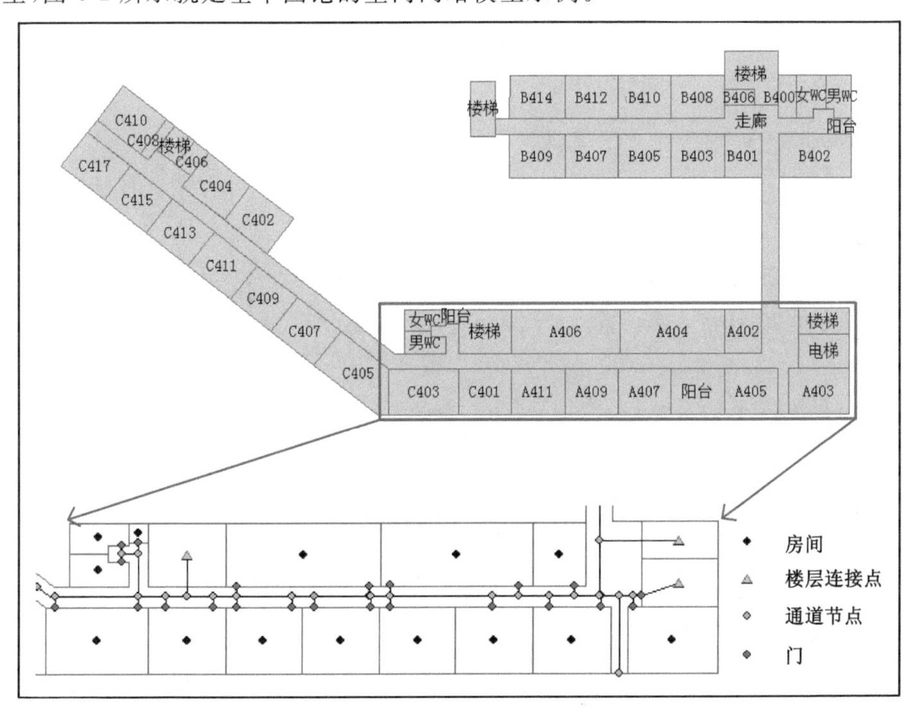

图 6-2　基于基本图论的室内网络模型

6.1.2　室内超网络模型

6.1.2.1　超图基本概念

图论在几何领域、运筹学领域和人工智能领域等都有很深厚的研究基础和广泛的实际应用,但是,一般图论的结构中每条边或线段的关联节点只有两个,即起点和终点,然而在室内网络中,这种简单的结构不能完全显示实际环境的网络特征,因此本书在图论基础上引入超图(Hypergraph)理论。

1970 年,Berge 第一次提出超图概念[3],建立了系统的无向超图理论,且运用拟阵结构研究了超图理论在运筹学方面的应用。超图理论的基础其实是图论和集合论,用一个集合存放属性信息相同的对象,不同的集合可理解为不同的抽象层次，超图就用于表示这种以集合的包含关系为基础结构的方式。

定义 1(无向超图)　超图 $H=(V,E)$是一个二元关系对，设 $V=\{v_1,v_2,v_3,\cdots,v_n\}$是一个有限集，$V$ 的元素$v_1,v_2,v_3,\cdots,v_n$称为超图的节点；设 $E=\{e_1,e_2,e_3,\cdots,e_m\}$是超图的超边集合，元素$e_i=\{v_{i_1},v_{i_2}\cdots,v_{i_j}\}(i=1,2,\cdots,m)$称为超图的边，且节点和超边之间满足下列关系：

① $e_i\neq\varphi(i=1,2,3,\cdots,m)$

② $\bigcup_{i=1}^{m}e_i=V$

超图 H 中，超图的阶($|V|$)表示超图中的节点数，$|E|$表示超图中的超边数，超图的秩 $r(H)=\max\{|E_i|,i=1,2,\cdots,m\}$。

图 6-3 所示是一个无向超图示例，其中节点集 $V=\{v_1,v_2,v_3,v_4,v_5,v_6,v_7,v_8\}$，超边集 $E=\{e_1,e_2,e_3,e_4,e_5\}$，$e_1=\{v_3,v_4,v_5\}$，$e_2=\{v_5,v_8\}$，$e_3=\{v_6,v_7,v_8\}$，$e_4=\{v_2,v_3,v_7\}$，$e_5=\{v_1,v_2\}$。

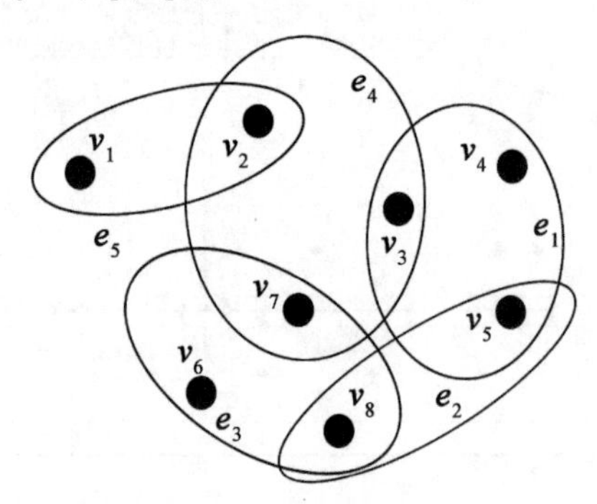

图 6-3　无向超图示例

两个节点邻接，是指这两个节点在同一条超边；两条超边邻接，是指这两条超边存在非空交集。如果每条超边 e 都有 $|e|=k$，则称超图 H 是一个 K-匀齐超图，当 $k=2$ 时，此时的超图 H 就是一般图论中的简单图 G，即每条边只包含 2 个节点。

在超图中，节点的度(node degrees)是指与该节点连接的节点数；超边超度(hyperedge hyperdegrees)是指超边所包含的节点个数[4]。

定义 2(有向超图)　有向超图$\vec{H}=(V,E)$是二元对，V 是顶点集，E 是有向超边集。有向超边 e 是有序对(X,Y)，其中 X 和 Y 是 V 的不相交子集(允许空集)，将 Y 称为有向超边 e 的头点集，X 称为尾点集，分别记为 $H(e)$和 $T(e)$。

图 6-4 有向超图示例中节点集 $V=\{v_1,v_2,v_3,v_4,v_5,v_6,v_7,v_8,v_9,v_{10},v_{11},$

$v_{12}\}$，超边集 $E=\{e_1,e_2,e_3,e_4,e_5\}$，$e_1=\{v_1,v_2,v_4,v_5,v_6\}$，$e_2=\{v_3,v_4,v_7,v_8\}$，$e_3=\{v_6,v_9,v_{10}\}$，$e_4=\{v_{10},v_{11},v_{12}\}$，$e_5=\{v_8,v_9\}$。

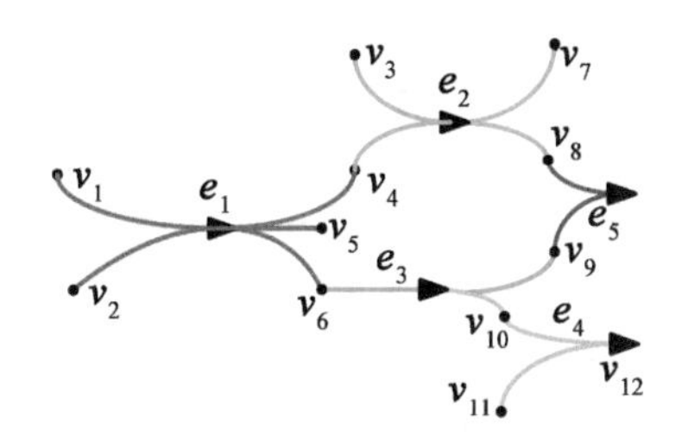

图 6-4　有向超图示例

定义 3（有向超图的权）　若为有向超图 $\vec{H}=(V,E)$ 中的每条超边赋一个超边权 $w(e_j)$，则称此超图为赋权超图。

对于简单无向图 $G=(V,E)$ 来说，若顶点集合 V 可以分割成两个独立无关联的子集 A 和 B，并且保证集合 E 中的每条边 (v_i,v_j) 中的两个顶点 v_i 和 v_j 分别属于子集 A 和 B，此时可以称图 G 为二部图。

定义 4（超图二部图）　对于超图 $H=(V,E)$ 来说，可以将集合 V 和集合 E 作为两个独立的子集 A 和 B，当存在 $V_i\in E_i$ 时，在二部图[5]中用线将 V_i 和 E_i 连接，图 6-3 中的超图的二部图如图 6-5 所示。

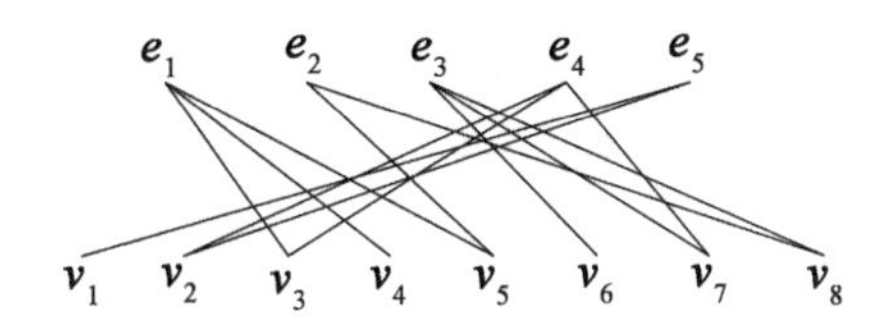

图 6-5　图 6-3 的二部图

同简单图类似，超图也可以采用邻接表的形式存储[6]。针对超图的特点，在邻接表的基础上将节点 v 和超边 e 以节点(v)-超边(e)-节点(v)的结构表示和存储。节点 v_i 指向所在超边 e_i，再指向 e_i 中的下一个节点，将图 6-3 的无向超图示例用 v-e-v 的形式存储[7]，结构如图 6-6 所示。

6.1.2.2　超网络模型

在基本图论的网络模型中，房间节点和通道节点是对实际空间对象的抽象，而通道角点则是为了连通房间和通道而添加的辅助点，这些通道角点依附于房间节点和通道节点。但是，在基本图论的网络模型中，每条边只能存储起

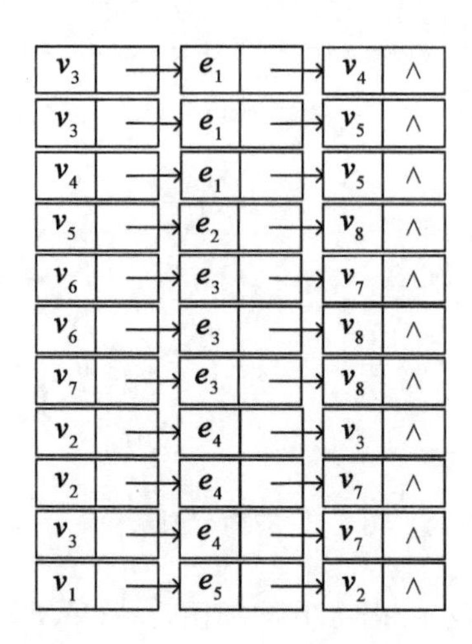

图 6-6　节点-超边-节点结构

点和终点两个节点，虽然通道角点的添加会使得路径细节更丰富，但是在一定程度上会出现路径信息被分割，语义信息不完整的问题。

在图论的基础上引入超图概念，则可以很好地解决上述问题。超图中的超边不限制所含节点个数，可以根据需要将多个节点存储在一个超边中，在不减少节点个数保证网络结构完整的同时减少了边的数量，节约了网络数据的存储空间，最大程度保证了网络模型中的语义信息完整性。

因此，本书将室内超网络按以下层次划分(图 6-7)。

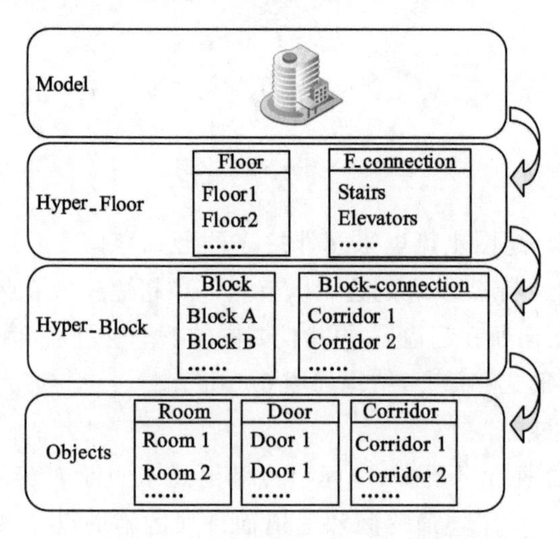

图 6-7　室内超网络结构划分示意图

（1）超网络层（Hyper_floor）：即各楼层，将整个建筑物的不同楼层划分为不同的层结构，其中包含该楼层内的其他室内结构，如闭合室内空间、走廊、天花板、墙体、门窗等。

（2）区块网络层（Hyper_block）：即楼层中的区块域，同一楼层中的区域划分，划分依据一般是功能特点或者位置排列特点，比如A区、B区、C区。

（3）空间对象（Objects），具体包括以下要素：

① 封闭空间（Room）：由墙体、门窗、天花板、地面等组成的封闭或半封闭空间，具有一定的功能性，比如建筑内的房间、露台、车库等。

② 通道（Corridor）：代表室内结构中的通道、走廊等公共区域，具有连通其他室内独立空间对象的功能。

③ 门（Door）：控制封闭空间和通道之间的连通性，在门的关闭状态下，封闭空间与通道的连接被断开，无法从封闭空间到达通道。

④ 楼层通道（F_connection）：连通不同楼层的室内结构，包括电梯、楼梯、扶梯等。

根据上述划分依据，以图6-8所示的室内三维空间模型为例，将房间、走廊、阳台、楼梯、电梯等空间结构进行抽象划分。示例中的建筑共三层（Hyper-Floor1，Hyper-Floor2，Hyper-Floor3）；每个超网络层中包含两个区块网络层

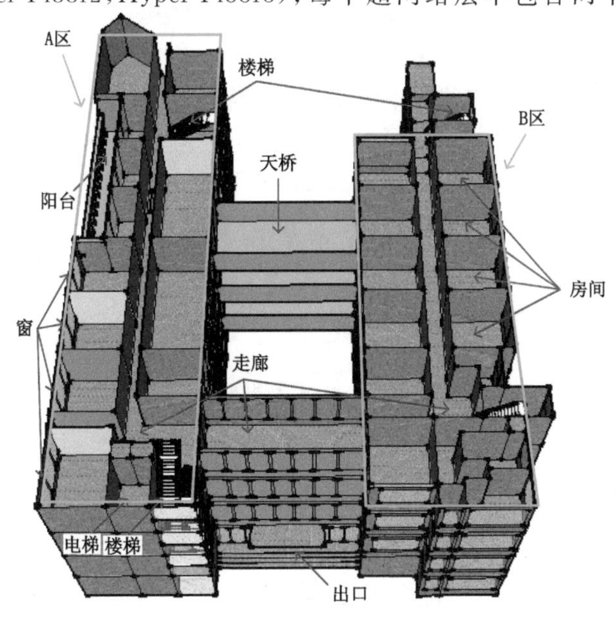

图6-8　室内三维空间模型示例

(Hyper-BlockA,Hyper-BlockB);在空间对象层(Objects)中将房间、阳台、楼梯连通处,电梯连通处等抽象为节点,将走廊、天桥、楼梯、电梯抽象为超边,则示例的超网络模型如图 6-9 所示,其中一楼的超网络层次如图 6-10 所示。

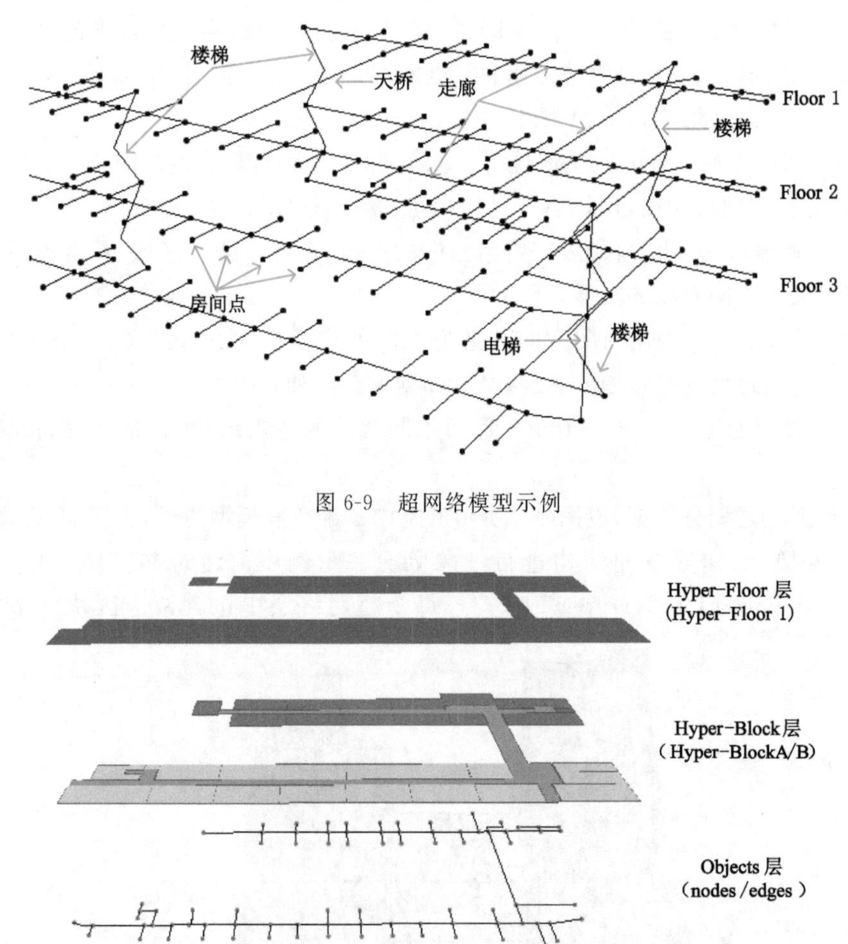

图 6-9　超网络模型示例

图 6-10　超网络层次示例

6.1.3　超网络模型的组织

6.1.3.1　超网络模型数据组织存储形式

针对本书引入的室内超网络模型,采取数据库关系表的存储方式来表达室内空间结构和室内对象的空间关系[8],主要存储空间对象的几何信息和语义信息。几何信息主要代表几何特征和空间位置信息，语义信息主要表达空间对象的详细属性信息[9]。

在节点表[图 6-11(a)]中添加 ID 字段、Type 字段、Floor 字段和点的坐标。在存储超边信息表[图 6-11(b)]中添加 EdgeID 字段、FirstnodeID 字段(用于记录超边的第一个节点的 ID)、NextnodeID 字段(用于记录超边的下一个节点 ID)、Degrees 字段，还要存储超边的属性信息，包括距离权值、速度权值、密度权值。

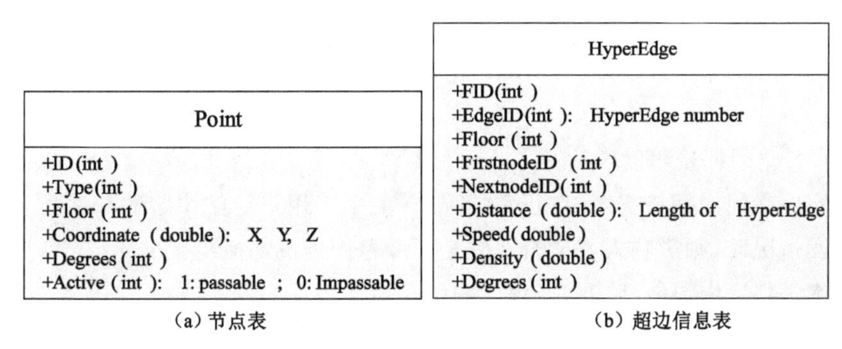

图 6-11　节点表和超边信息表结构

在楼层联系表[图 6-12(a)]中添加 EdgeID 字段、Type 字段、Active 字段、FirstnodeID 字段、NextnodeID 字段、Degrees 字段，还要存储连通超边的属性信息。区块网络表[图 6-12(b)]中包括 name 字段、Floor 字段和 Hyperdegrees 字段。

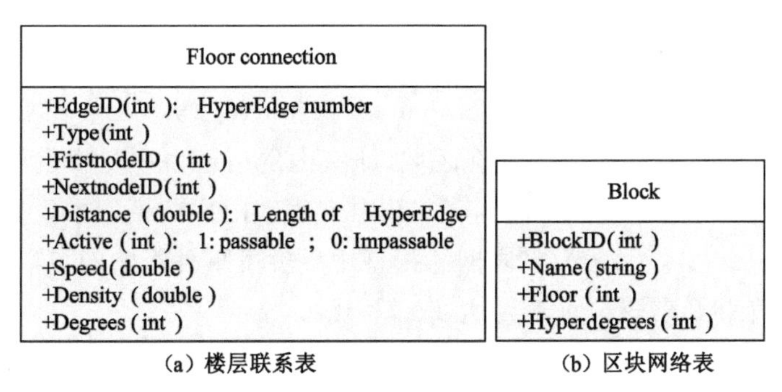

图 6-12　楼层联系表和区块网络表结构

6.1.3.2　室内超网络模型语义表达

为了丰富室内超网络模型的语义信息，使其更加贴合实际，本书从路径复杂程度、路径拥挤程度和突发事件三个方面描述室内场景的语义信息。

(1) 路径复杂程度表达

室内网络模型的路径复杂程度是常见的路径选择标准之一[10]，直接影响着解析和可视化表达难度、用户理解记忆的程度，以及用户遵循路径规划指示的执行力度。本书中超网络层的下一层级是区块网络层，区块网络层的下一层级是超边和节点，而超边的度取决于所含节点和度，因此，本书的室内超网络模型的复杂程度主要通过节点的度来体现，其语义表达为

$$\text{Rout\_complexity}=\{\text{HyperEdge\_degrees (Node\_degree)}\} \tag{6-1}$$

其中，HyperEdge_degrees 表示网络中超边的度，Node_degree 表示网络中节点的度。

(2) 路径拥挤程度表达

室内空间的拥挤程度，在正常情况下，关乎着用户导航体验的舒适性，在发生突发情况时，则影响人员能否在安全时间范围内成功撤离。

本书将室内导航环境拥挤程度的语义描述为

$$\text{Rout\_crowd}=\{\text{cr\_type},\text{cr\_range}\} \tag{6-2}$$

其中，cr_type 表示室内网络的拥挤程度，拥挤程度主要通过人员前进速度和人员密度来体现，不同的人员前进速度和人员密度关系对应不同的拥挤程度；cr_range 表示发生拥堵情况的区域，不同拥堵程度对应不同的区域范围。本书将针对实验区域进行应急疏散模拟，得到不同时刻的人群速度变化和不同时刻单位面积内人员密度的变化，并在此基础上，将室内网络的拥挤程度按等级划分。

(3) 突发情况表达

本书将网络模型中的突发事件语义表达为

$$\text{Rout\_accident}=\{\text{ac\_range}\} \tag{6-3}$$

其中，ac_range 为突发事件的影响区域，即室内网络模型中受突发事件影响的节点集合，ac_range $=\{v_1,v_2,\cdots,v_n\}$，其中 n 为室内网络模型中受突发事件影响节点个数，$v_1,v_2,\cdots,v_n$ 为室内网络模型中受突发事件影响的各节点，若该节点可达，取值为 1，若该节点不可达，取值→0。

6.2 室内应急疏散规划算法

在应急疏散路径计算与优化领域，应用广泛的算法包括 Dijkstra 算法、蚁群算法、粒子群算法等。其中，Dijkstra 算法是一种单源最短路径算法，最经典

的应用就是解决图论学中的最短路径问题，因此本书选择对经典 Dijkstra 算法进行改进，并在路径规划时兼顾距离大小、路径复杂程度、拥挤程度和突发事件四个因素。

6.2.1 改进的超边权值

在前文对室内网络模型的语义表达基础上，本书为兼顾距离大小、路径复杂程度、拥挤程度和突发事件四个因素，改进经典算法中的距离 D，提出改进的超边权值为 D'。

(1) 路径复杂程度函数

根据前文对室内网络中复杂程度(CM)的语义定义，本书将路径复杂程度的函数表达式定义如下：

$$F_{cm}(V_m) = \mathrm{Hyper\_degrees(Node\_degree)} \tag{6-4}$$

其中，$F_{cm}(V_m)$表示路径复杂程度函数，V_m代表路径中涉及的节点集合，Hyper_degrees 代表超边的度，此数值从超边的属性表中获取；Node_degrees 代表节点的度，此数值从节点表的属性表中获取。

(2) 路径拥挤程度函数

根据前文对室内网络中拥挤程度的语义定义，本书将路径拥挤程度的函数表达式定义如下：

$$F_{cw}(v_i, v_j) = \beta D(v_i, v_j) \tag{6-5}$$

其中，$F_{cw}(v_i, v_j)$表示路径拥挤程度函数；$D(v_i, v_j)$是路径的距离权值，此数值从超边的属性表中获取；β是拥挤系数，本书通过对试验区域的疏散仿真模拟，获得该数值的取值范围，并将其划分为四个等级，分别是畅通、微堵、拥堵、瘫痪。

(3) 突发事件函数

根据前文对室内网络中突发事件的语义定义，本书将路径突发事件的函数表达式定义如下：

$$F_{ac}(V_n) = \begin{cases} 1, V_n\text{中节点可通行} \\ \to 0, V_n\text{中节点不可通行} \end{cases}$$

其中，$F_{ac}(V_n)$为突发事件影响的成本函数，本书以火灾为例，探寻在火灾发生情况下对室内路径规划的影响，V_n 为受突发事件影响的节点集合，$F_{ac}(V_n)=1$ 集合中节点可通行，$F_{ac}(V_n)\to 0$ 节点不可通行。

(4) 超边权值函数

本书中对传统 Dijkstra 算法中的距离值 D 进行改进，在考虑实际距离的基础上添加语义信息对室内路径规划的影响。首先，给出定义超边权值 D 的基本计算公式：

$$D = \frac{\alpha_{cm} F_{cm}(v_i, v_j) + \alpha_{cw} F_{cw}(V_m)}{\alpha_{ac} F_{ac}(V_n)} \tag{6-6}$$

$$\sum \alpha_k = 1, \alpha_k \in (0,1, k \in \{CM, CW, AC\}) \tag{6-7}$$

式中，$F_{cm}(v_i, v_j)$、$F_{cw}(V_m)$、$F_{ac}(V_n)$分别对应路径复杂程度、拥挤程度和突发事件函数；α_{cm}为路径复杂度(CM)的权重系数，α_{cw}为拥挤程度(CW)的权重系数，α_{ac}为突发事件(AC)的权重系数，α_{cm}、α_{cw}、α_{ac}的大小可根据路径复杂程度、拥挤程度和突发事件影响占比程度取值。

由于$F_{cm}(v_i, v_j)$、$F_{cw}(V_m)$、$F_{ac}(V_n)$三个函数量纲不同，因此需要通过式(6-8)进行归一化处理：

$$F^* = \frac{F - F_{min}}{F_{max} - F_{min}} \tag{6-8}$$

从而得到对应的归一化函数 $F^*_{cm}(v_i, v_j)$，$F^*_{cw}(V_m)$，$F^*_{ac}(V_n)$，进而得到归一化后的超边权值 D^*：

$$D^* = \frac{\alpha_{cm} F^*_{cm}(v_i, v_j) + \alpha_{cw} F^*_{cw}(V_m)}{\alpha_{ac} F^*_{ac}(V_n)} \tag{6-9}$$

改进后的超边权值根据室内超网络模型中节点和超边的属性值变化而不断更新，此时，面向突发事件的室内路径规划问题就转化为基于室内超网络模型求解室内导航路径的最优解的问题。

6.2.2 分层的 Dijstra 算法

基于改进后的 Dijstra 算法，动态分析室内超网络模型，分层累计计算最佳路径。将室内超网络模型中的超网络层和楼层通道视为各自独立又互相关联的结构，根据选择的起始点和目标点位置，选择对应的超网络层和楼层通道，再由此构成的非全局的网络模型中寻找最佳路径。

根据室内空间的划分，设超网络层为 $F=\{F_0, F_1, F_2, F_3, \cdots, F_f\}$，其中，$f$ 为楼层总数，F_0表示楼层通道(楼梯或电梯)，F_i表示楼层 i 的超网络层。

首先判断输入的起始点和目标点是否在同一楼层，若同在第 i 层，则直接选择超网络层F_i进行最佳路径计算；若一个点在第 i 层，另一个点在第 $i+1$ 层，则选择超网络层F_i、F_{i+1}和楼层通道 F_0，构建相应的超网络模型，然后进行最佳路径计算。

当起始点和目标点在同一楼层 i 时，如图 6-13(a)所示，此时只需在 F_i 中进行路径计算。根据改进后的 Dijstra 算法，从起始点 S 出发，选择与 S 相连的超边权值最小的点 t_1 作为临时起点，记录 S 与 t_1 之间的路径 R_1；从 t_1 出发，选择与 t_1 相连的超边权值最小的点 t_2 作为下一临时起点，记录 t_1 与 t_2 之间的路径 R_2……，计算到目标点 E 为止，此时路径集合 $R=\{R_1,R_2,R_3,\cdots,R_k\}$，$k$ 取正整数。

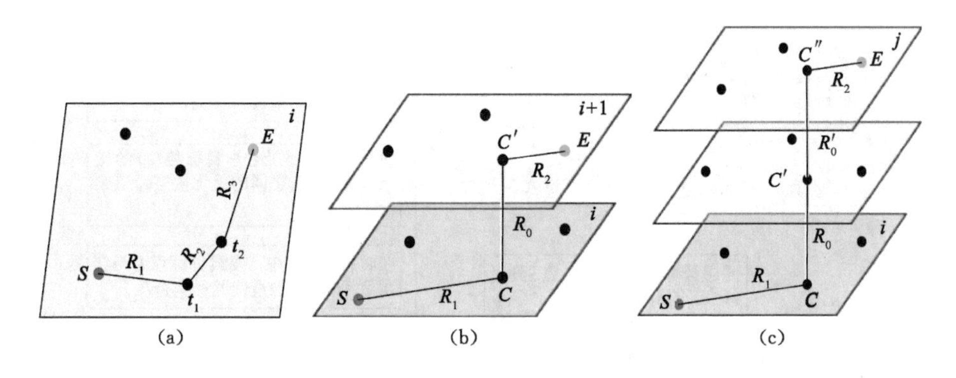

图 6-13　分层算法示意图

当起始点和目标点分别在相邻楼层时，如图 6-13(b)所示，假设起始点 S 在第 i 层，目标点 E 在第 $i+1$ 层，此时采用相邻层分层累计计算方式得到最佳路径。从起始点 S 出发，根据同层计算方式，计算 S 到此楼层通道点 C 的最短路径，记录为 R_1；在楼层 $i+1$ 中，从楼层通道点 C' 出发，根据同层计算方式，计算 C' 到目标点 E 的最短路径，记录为 R_2，则路径集合为 $R=\{R_0,R_1,R_2\}$，R_0 为楼层通道路径权值。

当起始点和目标点分别在不相邻楼层时，如图 6-13(c)所示，假设起始点 S 在第 i 层，目标点 E 在第 j 层，此时采用跨楼层累计计算方式得到最佳路径。从起始点 S 出发，根据相邻层分层累计计算方式，计算 S 到最近楼层通道点 C 的最短路径，记录为 R_1；在下一层中，从楼层通道点 C' 出发，根据相邻层分层累计计算方式，计算 C' 到最近楼层通道点 C'' 的最短路径，记录为 R'_0；在目标层 j 中，从 C'' 出发，根据同层计算方式，计算 C'' 到目标点 E 的最短路径，记录为 R_2，则路径集合为 $R=\{R_0,R'_0,R_1,R_2\}$，R_0 和 R'_0 为楼层通道路径权值。

6.2.3 算法流程

基于前文所述原理,改进的 Dijskra 算法流程图如图 6-14 所示。

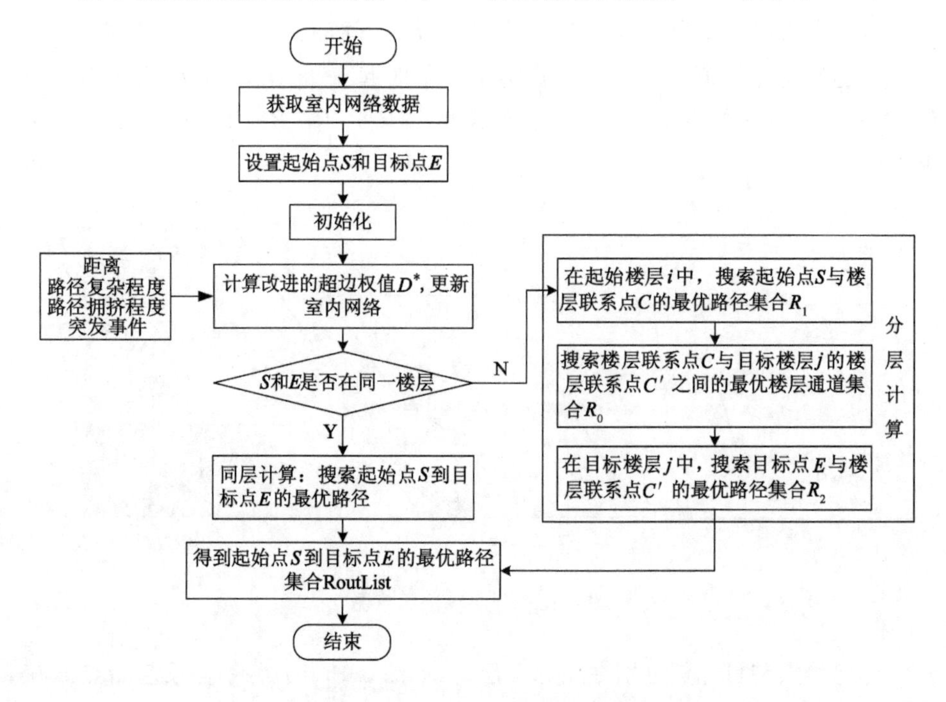

图 6-14　改进的 Dijskra 算法流程图

第一步,在室内超网络模型的基础上,获取并构建完整的室内网络数据,包括路径数据和节点数据以及相关集合和属性信息。

第二步,在网络模型中确定起始点 S 和目标点 E,定义一个集合用于存放已经遍历过的目标点,将之命名为 CloseList,再定义一个集合,用于存放从起始点到目标点的最优路径,将之命名为 RoutList,并初始化这两个集合。

第三步,根据超网络模型中节点、超边的集合和属性信息,计算改进的超边权值 D^*,用于表现室内信息动态变化,实现室内网络模型的动态更新。

第四步,判断起始点 S 和目标点 E 的楼层 ID 是否相同,若相同,则采用上节提到的同层计算方法,获得最优路径集合;若不相同,则采用上节提到的分层计算方法,通过楼(电)梯将路径连通起来,获得最优路径集合。

第五步,将计算得到的 RoutList 集合结果输出,并将其可视化显示在网络模型中,便于理解和观察。至此,算法结束。

6.3　室内超网络模型验证及分析

本书以某学院行政楼为研究区域，对该学院楼进行建筑物三维建模，构建面向应急疏散场景的室内三维超网络模型，并在此模型基础上实现应急疏散路径规划，对本书引入的室内超网络模型的表达存储和构建，以及改进的室内应急疏散路径规划算法进行验证与分析，进而证明室内超网络模型和应急疏散算法的可行性和有效性。

6.3.1　实验区域介绍及场景建模

本书中的研究区域是某学院楼，其整体外观如图 6-15(a)所示，该建筑地上共有 5 层，这里主要以一层和三层楼的楼层设计图为模型构建底图[图 6-15(b)]。

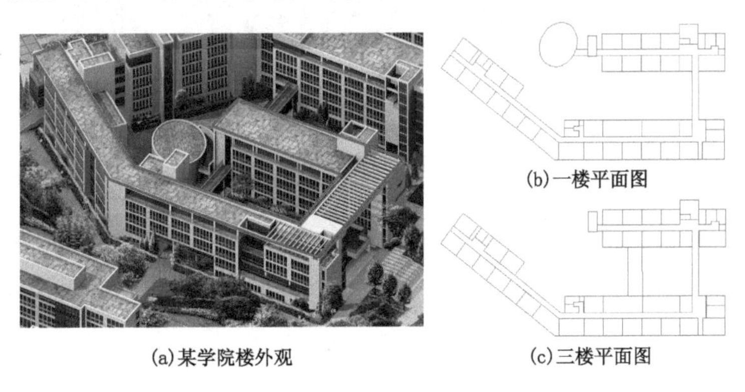

(a)某学院楼外观　(b)一楼平面图　(c)三楼平面图

图 6-15　实验区域外观及平面图

根据实验区域的平面图，在 SketchUP 中构建相应三维模型，设置纹理及材质，图 6-16 所示就是建立好的实验区域的三维场景模型的主视图和俯视图。

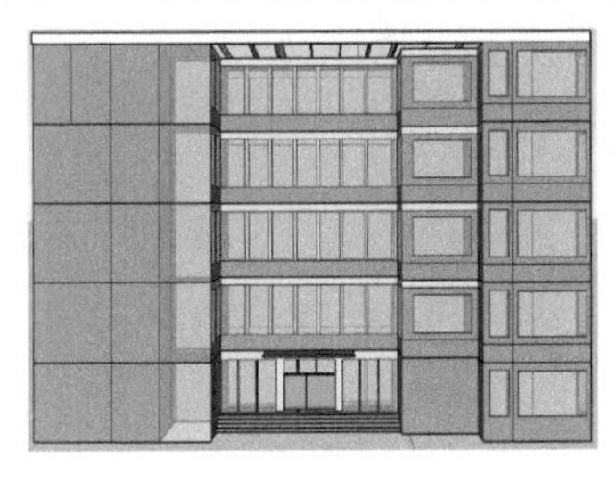

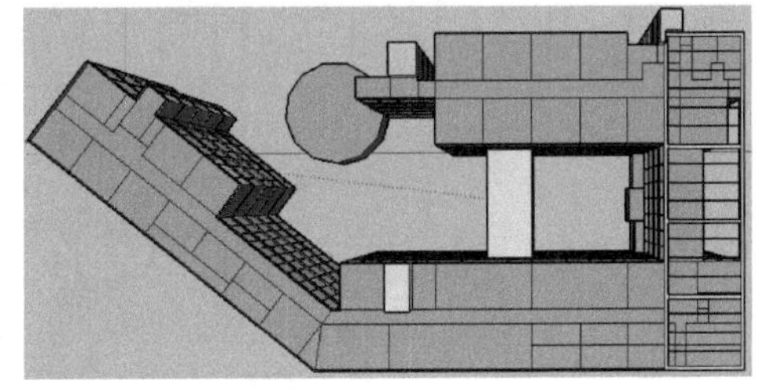

图 6-16　主视图和俯视图

6.3.2 应急疏散模拟

本书在 PyroSim 软件中设置火源位置以及燃烧模型，并将燃烧模拟结果导入 Pathfinder 软件中，结合人员疏散进行模拟。图 6-17 所示就是在 Pathfinder 中构建的应急疏散仿真模型。

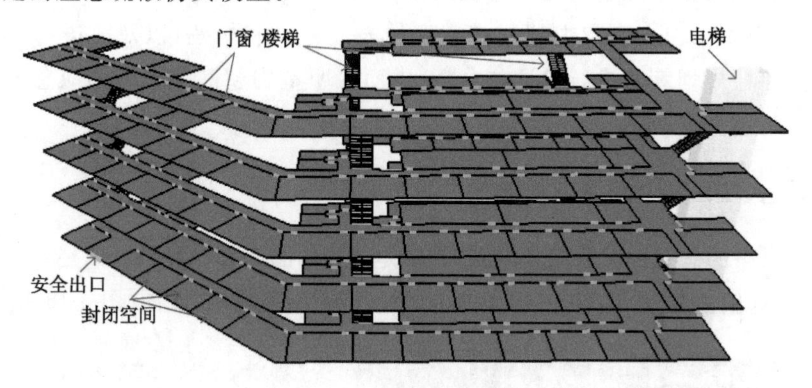

图 6-17 疏散模型

6.3.2.1 疏散参数设置

(1) 火源位置

将起火点位置设置在实验区域的三楼连接 A 区和 B 区的走廊处(见图 6-18)。结合相关火灾模拟研究，将火源功率设置为 2 000 kW/m^2，火势以时间的平方速度增长，外界风速为 0 m/s，模拟时长 300 s。

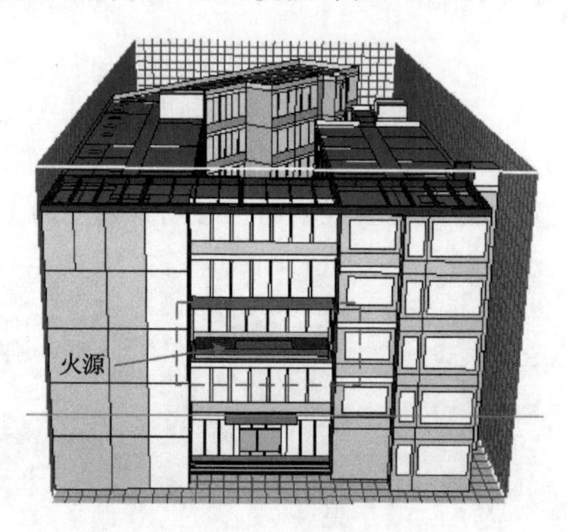

图 6-18 火源位置设置

(2) 疏散参数

① 人员密度:《建筑设计防火规范》(GB 50016—2014)中对办公建筑的人均使用面积有明确规定,其中普通办公室是 4 m^2/人,研究工作室是 5 m^2/人,设计绘图室是 6 m^2/人,中小会议室是 0.8~1.8 m^2/人。本书中,学院楼属于办公建筑的一种,且内部大多数为研究办公室,因此将疏散人员密度设为 5 m^2/人。

② 人员年龄:本书研究区域内大多数是身体健康的成年人,几乎不包括儿童和老年人,因此本书中只选取青年和中年两类模拟人员年龄。

③ 人员速度:造成不同年龄阶段的人逃生的成功率不同的主要原因之一就是人员疏散时的速度不同。根据《中国成年人人体尺寸》(GB/T 10000—1988)以及火灾防护设计手册,将人员年龄及对应速度设置为表 6-1 所示数值。

表 6-1 人员年龄及速度

参数	类别			
	儿童	青年	中年	老年
速度/(m/s)	0.2~0.6	1.2~1.3	1.1~1.2	0.5~1.0
肩宽/cm	26.5~33.6	35.0~42.0	35.0~45.0	34.0~38.0
身高/m	1.01~1.47	1.6~1.69	1.58~1.65	1.56~1.67
数量比例/%	0	50	50	0

6.3.2.2 模拟结果分析

根据实验区域的仿真模型可知,模型共 5 层,包含 5 部楼梯和 1 部电梯,通往室外的安全出口共 7 个,模拟人数共 774 人,模拟共用时 262.03 s。模拟过程中由于人数多,楼(电)梯较少,因此,疏散时很容易在关键路段和节点发生拥堵现象。如图 6-19 所示,人员密度分级别显示,红色越明显的区域表示人员密度越大,人员密度单位是 OCCS/m^2,即每平方米(m^2)占据的人数(Occupied)。

根据前文路径拥堵程度表达的定义,结合统计的模拟结果数据,将路径拥挤程度划分为四个层次,分别是流畅、微堵、拥堵、瘫痪,各层次的人员密度取值范围和人员速度取值范围如表 6-2 所示。根据路径拥挤层次划分,将路径拥挤程度的成本函数$F_{cr}(v_i, v_j)$的系数 β 分别取值为 1、2、4、8。

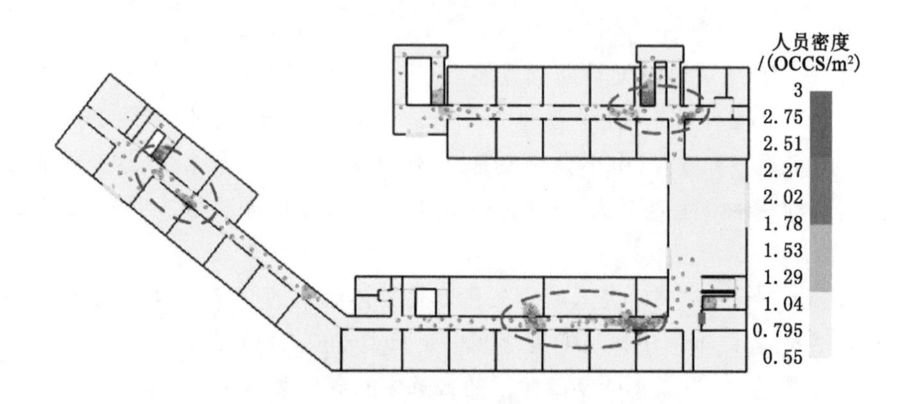

图 6-19　人群密度分布

表 6-2　路径拥挤层次划分及系数取值

拥挤程度	流畅	微堵	拥堵	瘫痪
人员密度/(OCCS/m^2)	0.55～1.2	1.2～1.78	1.78～2.5	2.5～3
人员速度/(m/s)	1.2～0.9	0.9～0.6	0.6～0.3	03～0
β	1	2	4	8

6.3.3　超网络模拟构建

将网络模型的属性信息、几何信息和语义信息按要求存储在数据表中。图 6-20 所示存储的是网络模型中的节点信息，通过唯一标识码 ID 字段可以定位到该节点的相关信息。

图 6-21 所示是超边表，通过 EdgeID 可以定位到此路段的相关信息。

图 6-22 所示是楼层通道表，通过 EdgeID 可以定位到此楼层通道的相关信息。

根据前文所述的室内空间结构划分依据和室内超网络模型构建原理，对实验区域进行结构抽象提取，构建相应的三维网络模型(图 6-23)。

针对同样的研究区域，本书中构建的室内超网络模型，与基本图论的室内网络模型相比(表 6-3)，节点数保持不变，新增了超边概念，超边的数量较少，但是超边中节点之间的连接关系没有发生改变或删减，在保证拓扑关系不变的情况下，整合了室内网络的语义信息，一定程度上保证了室内空间结构的完整性。

PointsB

FID	Id	x	y	z	FloorID	Type	Degrees	Active
0	1	491.458025	691.042329	0	1	1	1	1
1	2	479.923437	676.719158	0	1	1	4	1
2	3	468.62772	662.692608	0	1	1	1	1
3	4	474.570272	680.907712	0	1	1	1	1
4	5	510.274211	678.498205	0	1	1	1	1
5	6	498.53936	662.153234	0	1	1	4	1
6	7	489.200083	649.144955	0	1	1	1	1
7	8	540.129227	663.696138	0	1	1	2	1
8	9	523.094832	642.939943	0	1	1	4	1
9	10	510.274211	627.318179	0	1	1	1	1
10	11	558.69453	634.342888	0	1	1	1	1
11	12	548.853407	622.785291	0	1	1	4	1
12	13	537.118637	609.003758	0	1	1	1	1
13	14	579.517776	623.053177	0	1	1	1	1
14	15	567.437089	608.244593	0	1	1	4	1
15	16	556.185705	594.452574	0	1	1	1	1
16	17	596.577785	610.759935	0	1	1	1	1
17	18	583.658184	595.552489	0	1	1	4	1
18	19	572.493067	582.410215	0	1	1	1	1
19	20	613.888676	600.724636	0	1	1	1	1
20	21	600.639704	582.265394	0	1	1	4	1
21	22	591.560135	569.615208	0	1	1	2	1
22	23	601.737209	551.98026	0	1	1	1	1
23	24	617.179089	569.324245	0	1	1	3	1
24	25	622.482054	539.067653	0	1	1	1	1

图 6-20　节点表

LinesB

FID	EdgeID	FirstID	NextID	distance	Speed	Density	type	Degrees	Active	FloorID	Z
15	e11	33	34	18.621124	1.2	1.2	1	6	1	1	0
16	e12	35	36	16.196945	1.2	1.2	1	6	1	1	0
17	e13	37	38	23.076613	1.2	1.2	1	6	1	1	0
18	e14	44	111	23.394136	1.2	1.2	1	6	1	1	0
19	e15	45	112	22.653249	1.2	1.2	1	6	1	1	0
20	e16	47	113	22.547408	1.2	1.2	1	8	1	1	0
21	e16	41	42	25.590013	1.2	1.2	1	8	1	1	0
22	e16	40	39	36.5591	1.2	1.2	1	8	1	1	0
23	e16	46	113	25.079757	1.2	1.2	1	8	1	1	0
24	e16	48	49	21.168209	1.2	1.2	1	8	1	1	0
25	e16	51	50	21.00887	1	1	1	8	1	1	0
26	e16	53	59	20.014031	1	1	1	8	1	1	0
27	e16	55	58	20.39601	1	1	1	8	1	1	0
28	e17	56	57	19.823041	1	1	1	7	1	1	0
29	e18	60	61	19.632051	1	1	1	6	1	1	0
30	e19	62	63	22.305907	1	1	1	6	1	1	0
31	e20	66	67	26.889661	1	1	1	6	1	1	0
32	e21	69	71	29.372527	1	1	1	6	1	1	0
33	e22	75	74	41.730275	1	1	1	6	1	1	0
34	e23	80	81	33.805182	1	1	1	6	1	1	0
35	e24	79	83	8.618493	1	1	1	8	1	1	0
36	e24	82	83	10.313445	1.2	1.2	1	8	1	1	0
37	e24	77	84	35.483331	1.2	1.2	1	8	1	1	0
38	e24	76	78	28.048266	1.2	1.2	1	8	1	1	0
39	e24	85	86	45.666614	1.2	1.2	1	8	1	1	0

图 6-21　超边表

Fconn

FID	EdgeID	FirstID	NextID	Distance	Speed	Density	Degrees	FloorID	z	type	Active
0	e121	8	187	60.423255	1.2	1	2	2	50	21	1
1	e121	197	303	60.45487	1.2	1	2	3	100	21	1
2	e121	303	415	60.423255	1.2	1	2	4	150	21	1
3	e121	415	533	60.423255	1.2	1	2	5	200	21	1
4	e122	110	194	58.675586	1.2	1	2	2	50	21	1
5	e122	194	311	58.722654	1.2	1	2	3	100	21	1
6	e122	311	426	58.675586	1.2	1	2	4	150	21	1
7	e122	426	541	58.675586	1.2	1	2	5	200	21	1
8	e123	114	149	63.592049	1.2	1	2	2	50	21	1
9	e123	149	272	63.607349	1.2	1	2	3	100	21	1
10	e123	272	379	64.179848	1.2	1	2	4	150	21	1
11	e123	379	493	64.179848	1.2	1	2	5	200	21	1
12	e124	85	212	76.589207	1.2	1	2	2	50	21	1
13	e124	212	334	76.589207	1.2	1	2	3	100	21	1
14	e124	334	450	76.589207	1.2	1	2	4	150	21	1
15	e124	450	565	76.589207	1.2	1	2	5	200	21	1
16	e125	75	116	63.344936	1.2	1	2	2	50	21	1
17	e125	116	232	63.588455	1.2	1	2	3	100	21	1
18	e125	232	347	63.344936	1.2	1	2	4	150	21	1
19	e125	347	461	63.344936	1.2	1	2	5	200	21	1
20	e126	72	117	50	1.2	1	2	2	50	22	1
21	e126	117	231	50	1.2	1	2	3	100	22	1
22	e126	231	346	50	1.2	1	2	4	150	22	1
23	e126	346	462	50	1.2	1	2	5	200	22	1

图 6-22　楼层通道表

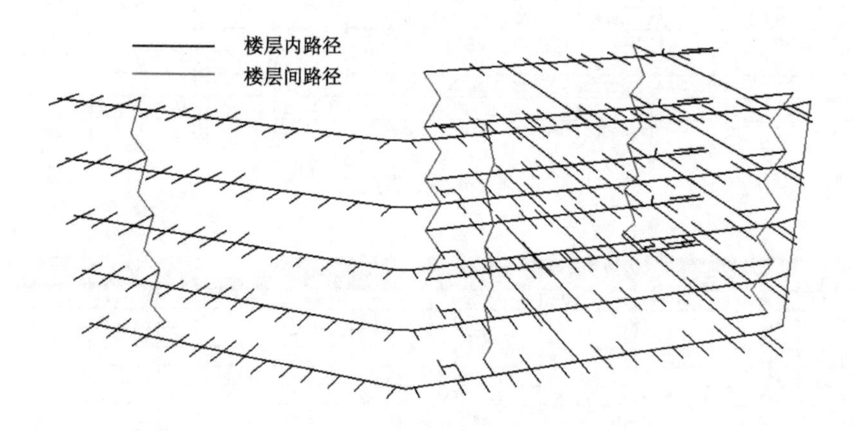

图 6-23　构建超网络模型

表 6-3　室内超网络模型与经典节点-弧段网络模型比较

网络层次		室内超网络模型	经典节点-弧段网络模型	说明
Model	节点数	575	575	整个模型中的节点数和边数
	边数	277	595	
Hyper-Floor	节点数	115	115	Floor1 中的节点数和边数
	边数	50	111	
Hyper-Block	节点数	34	34	Floor1 中 C 区的节点数和边数
	边数	14	34	

6.3.4 应急疏散路径规划实例

本书中室内路径规划主要面向两种情形，即正常情况和突发情况，对每种情形分别做同层应急疏散路径规划和分层应急疏散路径规划。

6.3.4.1 无突发事件情景

在一般情景下，即无突发事件发生时，人员密度和行走速度均取平均值不变，主要将距离值大小和路径复杂程度作为计算依据，得出最优路径集合，最后将结果可视化显示。

情景一：路径复杂程度对路径规划的影响

表 6-4 显示的是情景一中考虑路径复杂程度时的实验设置条件。

表 6-4 情景一条件设置

	起始点	目标点	路径距离	路径复杂程度	突发事件	路径拥挤程度
情景一	255	335	340.82	36	不考虑	不考虑
	255	86	535.31	48		

当起始点和目标点在同一个超网络层(Hyper-Floor)中时，如图 6-24 所示，图中的蓝色线段显示的是从 3 楼 A 区的某点 255 到 3 楼 B 区的某点 335 的路径规划结果，共经过三条超边 e33{255,235,249,248,245,244,238,242}→e32{242,236}→e30{236,335}，由于本书中的路径复杂程度是通过节点和超边的度体现的，因此，这条路径复杂程度为 36。由于同一楼层内的路径规划基本不会出现多最优路径的情况，所以此时的路径规划过程较简单。

当起始点和目标点分别在不同的超网络层(Hyper-Floor)中时，如图 6-25 所示，图中的蓝色线段显示的是从 3 楼 A 区的某点 255 到 1 楼 B 区的某点 86 的路径规划结果，共经过五条超边 e33{255,235,249,248,245,244,238,242,235,238,231}→e1{231,117,72}→e121{72,71,68,73}→e11{73,74,77}→e12{77,86}，此路径复杂程度为 48。正常情况下，楼梯和电梯均可通行，且选择电梯通行的距离和复杂程度最小，所以路径规划显示为通过电梯实现的最优路径。

6.3.4.2 面向应急疏散情景

突发情况下，室内环境和室内人员均受到限制，室内环境某些地点会受突发情况影响无法通行或通行受阻，部分室内人员的行动速度会减慢，一些路径

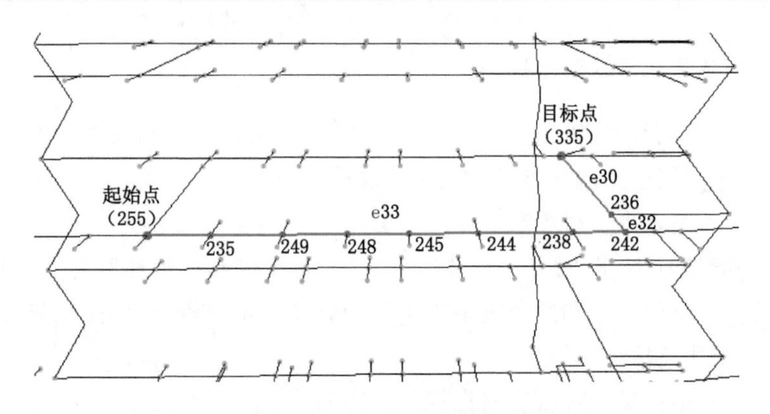

图 6-24　路径复杂度对路径规划的影响(同层)

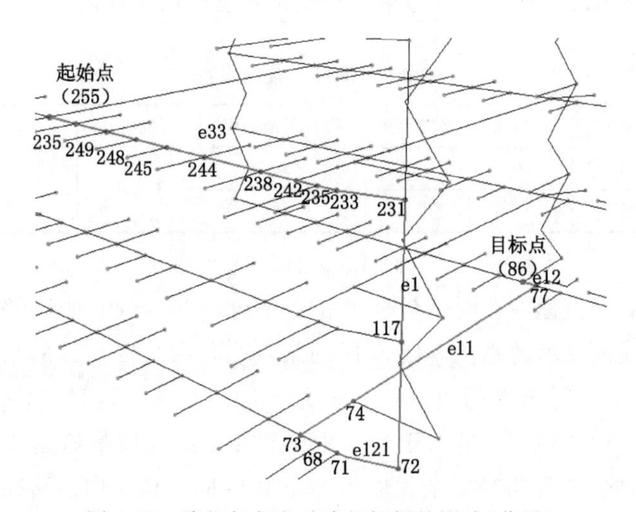

图 6-25　路径复杂度对路径规划的影响(分层)

的人员密度会增加,综合结果造成某路段拥挤程度变大。反映在室内网络模型中,就是模型中某路段属性的人员密度值变大,行走速度降低,一些路径不同程度拥挤,甚至某些路径受影响不可通行。为了体现不同因素对路径规划结果的影响,本书中设计了三组对比实验,从单独考虑某一因素到综合考虑所有因素,验证本书提出的室内应急路径规划算法的可行性。

(1) 情景二:仅考虑突发事件影响

本书的室内应急路径规划算法中,根据路径复杂程度、路径拥挤程度和突发事件影响权重的不同,可以选择设置相应的权重系数,在以距离因素为基础的前提下,仅考虑某一单一因素的影响时,可通过设置不同的权重系数控制变量。表 6-5 显示的是情景二中不同起始点和目标点在考虑突发事件时的实验设置条件。

表 6-5　情景二条件设置

	起始点	目标点	距离	路径复杂程度	突发事件	路径拥挤程度
情景二	255	335	345.45	不考虑	点 242、点 236	不考虑
	255	86	581.27			

根据仿真模型中的火源位置，将超网络模型中突发事件点的位置设置为图 6-26 的紫色点 236 处，点 242 设置为由于突发事件影响造成的不可通过节点。当起始点和目标点在同一个超网络层中时，如图 6-26 所示，图中的绿色线段显示的是从 3 楼 A 区的某点 255 到 3 楼 B 区的某点 335 的路径规划结果，经过两条超边 e35{255,315,314 }→e31{314,318,321,341,327,330,332,333,335}。可以看出，由于突发事件造成点 236 和点 242 不可通过，因此在路径搜索时绕开了经过点 236 和点 242 的路径，证明本书的路径规划算法在突发事件发生时能成功选择合理路径。

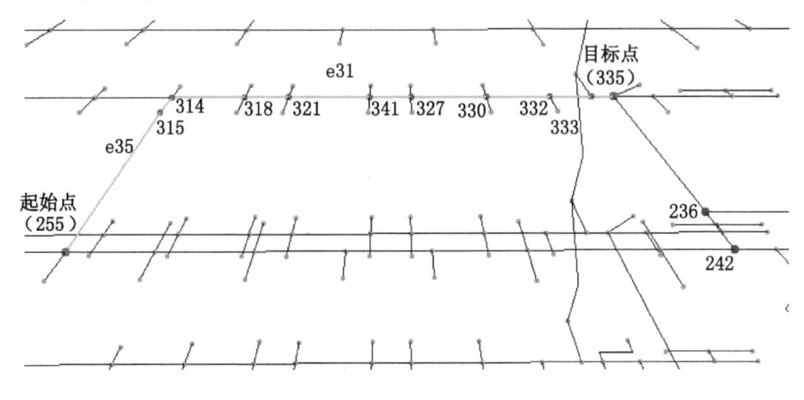

图 6-26　突发事件对路径规划的影响(同层)

当起始点和目标点分别在不同的超网络层中时，如图 6-27 所示，图中的绿色线段显示的是从 3 楼 A 区的某点 255 到 1 楼 B 区的某点 86 的路径规划结果，共经过四条超边 e35{255,315,314}→e31{314,318,321,341,327,330,332,333}→e3{334,212,85}→e131{85,86}。突发事件发生时，室内电梯由于存在较大安全隐患因此不可使用，路径选择时只能通过楼梯(e3)进行疏散。从图中可以看出，起始点到目标点的路径集合，是由起始点到本楼层最近楼层通道连接点的子集合、楼层通道子集合、目标点到本楼层最近楼层通道连接点的子集合这三部分构成的。

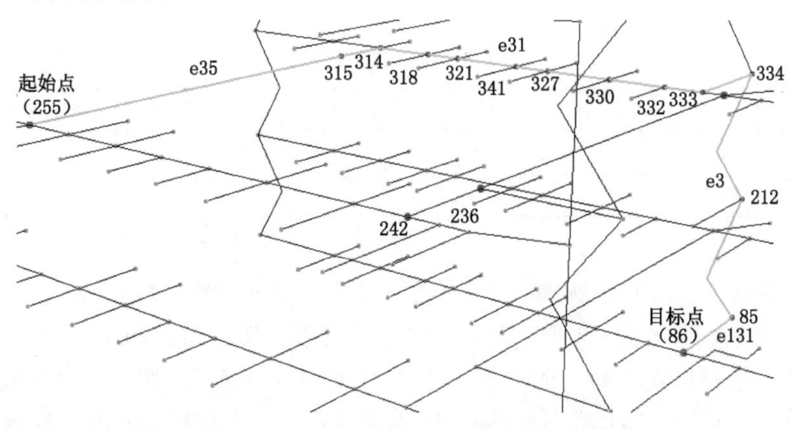

图 6-27　突发事件对路径规划的影响(分层)

(2) 情景三:仅考虑路径拥挤影响

本实验中仅考虑路径拥挤程度对路径规划结果的影响。根据前文中疏散仿真模拟中路径人员拥挤程度结果,将火源附近的路段设置为不同拥挤程度,如图 6-28 所示,路段 e32{242,236}、e30{236,333}、e325{333,334}根据表 6-2 中关于路径拥挤程度的划分,分别设置为微堵路段、瘫痪路段、拥堵路段,并根据不同级别划分选取不同的路径拥挤系数。表 6-6 显示的是情景三中不同起始点和目标点在考虑路径拥挤程度时的实验设置条件。

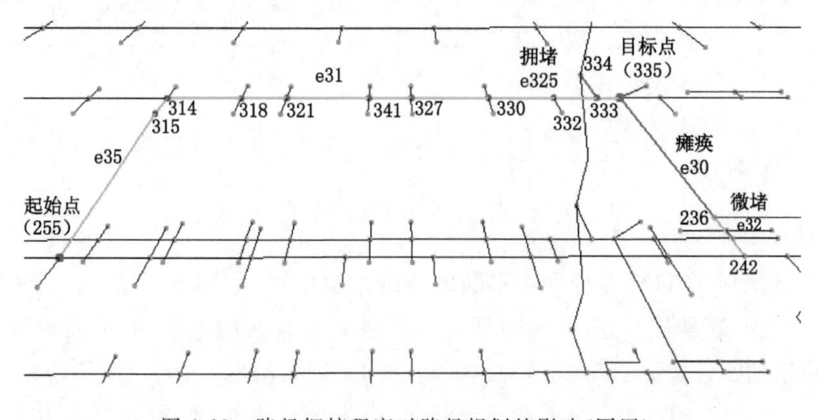

图 6-28　路径拥挤程度对路径规划的影响(同层)

表 6-6 情景三条件设置

	起始点	目标点	距离	路径复杂程度	突发事件	路径拥挤程度
情景三	255	335	345.45	不考虑	不考虑	路段 e32 微堵、e30 瘫痪、e325 拥堵
	255	86	560.07			

当起始点和目标点在同一个超网络层(Hyper-Floor)中时,如图 6-28 所示,图中的绿色线段显示的是从 3 楼 A 区的某点 255 到 3 楼 B 区的某点 335 的路径规划结果,共经过两条超边 e35{255,315,314 }→e31{314,318,321,341,327,330,332,333,335},可以看出,本书的路径规划算法能在选择路径时避开拥挤路段,得出更合理的结果。

当起始点和目标点分别在不同的超网络层中时,如图 6-29 所示,图中的绿色线段显示的是从 3 楼 A 区的某点 255 到 1 楼 B 区的某点 86 的路径规划结果,共经过七条超边 e33{255,235,249,248,245,244,238,242}→e32{242,236}→e322{236,232}→e2{232,116,75}→e122{75,74}→e11{74,77}→e12{77,86}。可以看出,虽然路径 e32 微堵,但是在路径 e30 瘫痪和路径 e325 拥堵的情况下,经过 e32 的路径仍然是综合耗费代价最少的路径,因此选择从此路径经过。由此可见,本书在室内发生路径拥挤情况时,仍能计算得出合理有效的路径结果。

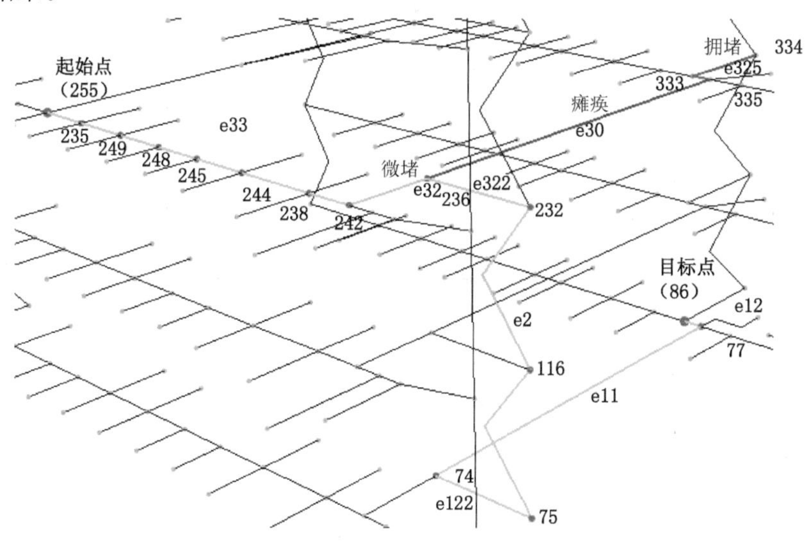

图 6-29 路径拥挤程度对路径规划的影响(分层)

(3) 情景四:多因素综合影响

表 6-7 显示的是情景四中不同起始点和目标点在综合考虑多种因素时的实验设置条件。

表 6-7　情景四条件设置

	起始点	目标点	距离	路径复杂程度	突发事件	路径拥挤程度
情景四	255	335	345.45	40	点 242、点 236	路段 e32 微堵、e30 瘫痪、e325 拥堵
	255	86	608.08	56		

当起始点和目标点在同一个超网络层中时,此时的路径规划结果与情景二和情景三的结果相同,在此不再赘述。

当起始点和目标点分别在不同超网络层中时,如图 6-30 所示,图中的黄色线段显示的是从 3 楼 A 区的点 255 到 1 楼 B 区的点 86 的路径规划结果。其中紫色点 242 和点 236 代表的是由于突发事件造成的不可通过节点,路段 e32{242,236},e30{236,335}和 e325{333,334}分别代表的是微堵路段、瘫痪路段和拥堵路段,经过四条超边 e35{255,315,314}→e31{314,323,311}→e4{311,194,110}→e12{110,108,105,102,99,96,93,90,87}。可以看出,在综合考虑了路径复杂程度、路径拥挤程度和突发事件的影响后得出的路径规划结果,不同于情景一、情景二和情景三的结果,本书的室内应急路径规划算法能有效综

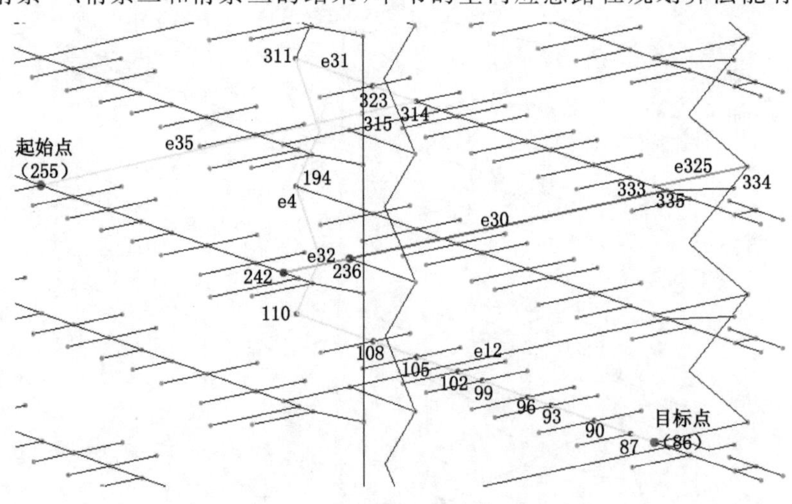

图 6-30　多因素对路径规划的影响(分层)

合以上三种语义因素，得出更全面更合理的路径规划结果。

6.3.4.3　面向应急路径规划算法有效性

本书中，通过实验验证了顾及路径复杂程度、路径拥挤程度和突发事件的室内应急路径规划算法的可行性，为了验证本书算法的有效性，对相同起始点和目标点的实验进行了经典 Dijkstra 算法路径规划，分析验证本书算法的有效性。

情景五：经典 Dijkstra 算法的路径规划

表 6-8 显示的是不同起始点和目标点在经典 Dijkstra 算法中路径规划的实验设置条件。

表 6-8　情景五条件设置

	起始点	目标点	距离	路径复杂程度	突发事件	路径拥挤程度
情景五	255	335	340.82	无	无	无
	255	86	535.31			

当起始点和目标点在同一个超网络层中时，如图 6-31(a)所示，此时蓝色路线的距离总和最小，因此选择此路径作为最优路径。当起始点和目标点不在同一个超网络层中时，如图 6-31(b)所示，此时路线的距离总和最小，因此选择此路径作为最优路径。

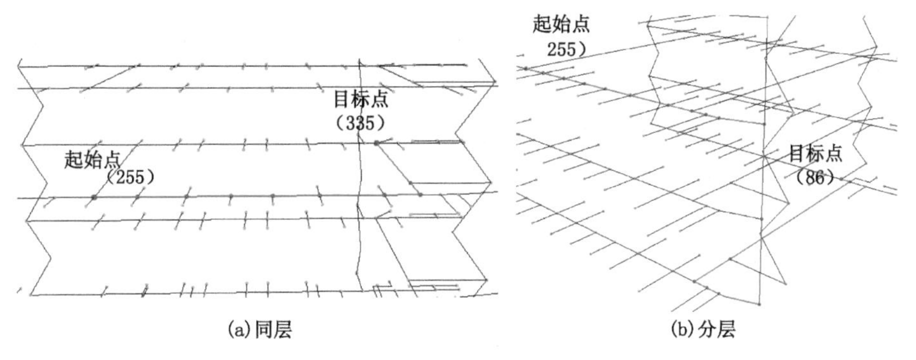

图 6-31　经典 Dijkstra 算法的路径规划结果

参考文献

[1] WU Y, KANG J, WANG C. A crowd route choice evacuation model in large indoor building spaces[J]. Frontiers of Architectural Research, 2018,7(2):135-150.

[2] 王行风,汪云甲.一种顾及拓扑关系的室内三维模型组织和调度方法[J].武汉大学学报·信息科学版,2017,42(1):35-42.

[3] BERGE C. Graphs and Hypergraphs[M]. Amsterdam:NorthHolland,1973.

[4] BERGE C. Hypergraphs:Combinatorics of Finite Sets[M]. Amsterdam:NorthHolland,1989.

[5] 程绩.有向超图理论及其有向和标号[D].重庆:重庆大学,2006.

[6] 张大坤,任淑霞.超图可视化方法研究综述[J].计算机科学与探索,2018,12(11):1701-1717.

[7] 程全胜.超图路径求解算法及其应用[D].武汉:华中科技大学,2008.

[8] 王行风.面向室内外一体化寻径的道路网络空间感知层次建模方法[J].测绘科学技术,2018,6(2): 141-150.

[9] 周艳,黄悦莹,曾桂香,等.面向位置服务的室内三维模型数据组织[J].地理信息世界,2018,25(06):12-16.

[10] 周艳,陈红,张叶廷,等.动态环境感知的多目标室内路径规划方法[J].西南交通大学学报,2019,54(03):611-618,632.

7 多房间多出口场景下疏散仿真及其应用

7.1 概述

一般应急疏散仿真研究大致可以分为两类，即疏散仿真研究与仿真应用研究。疏散仿真研究通过分析行人疏散特征构建数据模型并完成仿真，按研究的疏散行人规模可以分为宏观模型与微观模型。宏观模型以人员密度、某时刻的人流量来表述疏散系统状态具有一定的合理性，但现实中人群与流体之间还存在着较大差异，且因个体属性、特征及个体间相互影响等因素无法表现而具有一定的局限性。微观模型则是从疏散个体属性、行为参数等角度入手，构建行人疏散运动规则来完成个体的疏散仿真。当前较多研究应用微观模型来开展，在其中社会力模型、基于元胞自动机的模型和基于智能体技术的模型这三种模型最为普遍。社会力模型最早由 Helbing 等于研究中提出[1]，社会力模型将行人在疏散过程的变化看作是受到一种称为"社会力"的因素的影响，每个人都作用着这种社会力，而正是这些力驱动个体运动、使个体对感知信息做出反应，进而引发疏散个体的速度变化等直接的物理作用。社会力模型以疏散个体为中心，通过牛顿第二定律对疏散行人进行建模，模型的实质则是一组微分方程[1]。针对社会力模型进一步改进后，Helbing 等进行了特定场景的仿真研究，并重现了实际演习中出现的一些行人自组织现象[2]。Garcimartin[3]、Groothoff[4] 等以社会力模型体现行人间的微观作用力，分析证明了如出口成拱、行人流、"停走"波动等现象。何民等考虑行人的群体特性，提出一种基于社会力模型的动态分组模型来证实行人分组疏散的现象[5]。张开冉等以汽车站为研究场景，在考虑站内负重行人因素下对社会力模型中的驱动力参数进行修正，通过仿真给出车站内的疏散建议[6]。Ni 等则以船舶环境开展仿真研究，应用社会力模型探究了客船舱室布局对疏散的影响，并为船舶的设计提供了建议[7]。钟少波等则应用了社会力模型模拟仿真了机场环境下各种障碍物的布局对于疏散的影响[8]。陶政广等以不同心理特点的行人为研究主体，扩展了社会力模型并完成仿真，从而得出恐慌行人对于疏散影响危害更大这一结论[9]。除针对某一类场景开展仿真研究外，Li 等在社会力模型基础上引入移动威胁参数进行扩展，以探究近距离袭击事件中的风险现状[10]。大部分应用社会力模型的研究通过仿真模拟证实了很多疏散时的现象，仿真效果符合现实。

元胞自动机最先由计算机科学家冯·诺依曼提出，其将空间和时间离散化并按照一定演化规则，基于元胞单元的演化来模拟行人疏散过程的动力学系统[11]；1987 年，Toffoli 等应用了元胞自动机技术，考虑最邻近疏散者之间的相互作用完成了疏散过程的模拟[12]；随后，Schadsehneider 对其进行了扩充，疏散人员环境空间因素、上一时刻自身状态和邻域内疏散者的状态等因素都被考虑到疏散仿真中去[13]；Kirchner 基于元胞自动机模型着重通过描述疏散行人之间的相互作用来模拟行人的疏散过程；Guo 则从元胞自动机疏散模型中的环境空间离散程度以及演化速度两个角度入手，研究其与疏散出口位置行人分布形状特征之间的关系[14]；张鑫龙等为了更具体反映行人疏散过程，设计元胞单元小于单个行人所占空间并完成仿真实验[15]；王茹则利用蚁群算法对元胞自动机模型进行修正，并进行了对比测试以验证所提模型[16]；江雨燕等则考虑火灾的影响完成了基于元胞自动机模型的疏散仿真，并利用火灾数值模拟软件 FDS 配合仿真软件 pathfinder 验证了仿真结果[17]。以上这些研究证明利用元胞自动机进行疏散仿真的可行性。Hu 等则重点研究了行人的自组织队列现象，在模型中顾及行人排队时间的因素下进行模拟并给出不同的疏散策略[18]；但这些研究都建立在单出口、静态场的条件下，即行人往单个方向移动，演化规则确定。而针对多出口条件下，若仍使用原有模型，就意味着行人出口的选择仅仅与初始位置有关，进而无法表达诸如现实疏散过程中人们退后选择其他人数较少出口的行为[19]。对于室内多出口情况下行人选择出口的问题，也有很多的研究。构建基于元胞自动机的疏散模型能够更精确地对环境进行表达，且仅需构建演化规则即能快速模拟复杂的疏散过程，仿真效率高，因而获得了大量使用[20-24]。

以上两种经典的疏散模型已经被无数的研究者们研究改进并应用于实际，但对比来看两种模型各有优点：元胞自动机的优势在于简化问题，仿真效率高的同时保证了仿真模拟具有一定的真实性，但模型中的同质化元胞并不能表达出真实疏散场景中异质化的疏散人员，无法很好反映个体间差异；相比之下，社会力模型能够对疏散行人进行连续模拟，基于力学模型构建疏散模型建模思路清晰，具有较强理论基础，但不同场景环境下各种作用力的作用范围、强度等参数的标定也具有很大的难度。

智能体模型作为仿真技术应用起源于20世纪90年代，其模拟复杂系统的能力常被应用于数学、社会科学、经济等领域[25]。在应急疏散模拟研究中，智能体模型能够将人员抽象为具有自适应能力和智能性的个体，个体因不同的心理、生理等属性将在疏散过程中表现出个体特性，并且能够从环境或其他个体中获取信息并进行一系列自主行动[26]。陈迎欣提出了三种不同类型的智能体，构建了多智能体交互协作模型，以地铁站为空间对象进行了疏散模拟[27]；赵雪通过引入模糊推理算法，来研究由于疏散者个体不确定性在疏散过程中造成的个体疏散行为与决策的差异，并对最终疏散时间进行统计与分析给出相关结论[28]；张健钦则基于BOIDS模型描述了疏散过程中人群的几种基本行为包括分离、队列、聚集等，并构建了基本的躲避规则，以某景区为例完成了疏散模型构建[29]；Kelly等顾及行人行为与出口选择策略进行疏散仿真，以此来设计道路拥堵时的备用路线[30]；席健等则面向矿井环境构建智能体模型，并配合Pyrosim烟雾模拟软件完成仿真来为矿下应急疏散救援提供参考[31]；Basak等则应用视觉来构建疏散模型，以此来估计行人疏散时间，这也为智能体模型的扩展提供了一种新的思路[32]。

构建疏散仿真模型的根本目的是为安全疏散服务的，研究表明，制定应急疏散预案或采取各种疏散引导措施是使公共场所安全疏散效率得到提升的关键方式之一[33]。Burstedde等利用元胞自动机模型模拟发现，礼堂开有两个出口时，左右侧开口疏散效率明显优于前后侧开口[34]；朱孔金、杨立中等首先验证了Burstedde在文献[34]中侧面开口的结论，随后通过对不同布局的教室的疏散仿真证明了在紧靠出口侧墙壁设置过道的必要性，并依据仿真结果对影剧院的过道分布的设计提供建议；来自韩国的学者则深入研究了走廊弯曲部位的行人流，通过仿真得出疏散中走廊弯曲位置可能是最危险的部分，需要进行重点规划与布防[35]；赵薇等对疏散引导员进行了详细的研究，并根据疏散模型对引导员的指挥影响范围、疏导人数最优化进行了实验分析，针对疏散时引导员职责给出了合理的建议[36,37]；李宁川团队与廖慧敏团队，分别研究了引导标识对地铁站以及教学楼情景中人群疏散的作用，并依据标识设置要求与基本原则，对疏散标识的设置进行了优化求解[38,39]；穆娜娜等以地铁站为研究场景，探究了地铁中导流杆长度对于疏散的影响并给出了导流杆长度设置的建议[40]。除此之外，文献[8]给出了引导员、座椅、立柱、抽检台这些实体组合摆放的最优方案；文献[41]则给出了一种通过布置出口障碍物的方案来提高疏散效率的方法。应用疏散仿真模型针对性地改进疏散预案、给出应急疏散辅助意见并提供相关规划建议能够更大程度地保证行人的疏散安全。因而利用好疏散仿真过程中出现的特殊状况、产生的各类数据，选择合适的方法进行分析与规划从而更好地为建筑管理人员以及疏散行人提供可靠且代价花费低的疏散建议以及规划方案。

7.2 疏散模型构建与仿真

7.2.1 疏散仿真模型理论基础

智能体的概念被提出后，疏散研究者们应用智能体技术将疏散个体抽象为智能体、整个疏散过程看作是智能体之间交互作用的过程。将这种疏散模拟方法代入应急疏散模拟研究中，提升仿真效果的同时又具备较好的仿真效率，取得了许多成果。从智能体基础理论来看，应用智能体技术在应急疏散模拟中具有很强的优势。首先，疏散行人在感知环境的基础上进行行为决策更符合现实疏散行人的行为决策过程；同时，在模拟过程中智能体拥有自主变化、自我调节的能力，满足了疏散系统复杂性的要求；而在建模过程中，每个个体都具有不同的属性或知识库，能够依据决策者的要求随时进行改变、模拟，具有较高的灵活性。综上所述，基于智能体理论构建疏散模拟模型是可行的，原理框图如图 7-1 所示。在此基础上，本书构建的疏散模型将分为两个部分的子模型(图 7-2)，其中环境模型用于表达疏散场景客体环境，人员疏散模型基于智能体理论用于实例化疏散智能体、描述疏散行为。

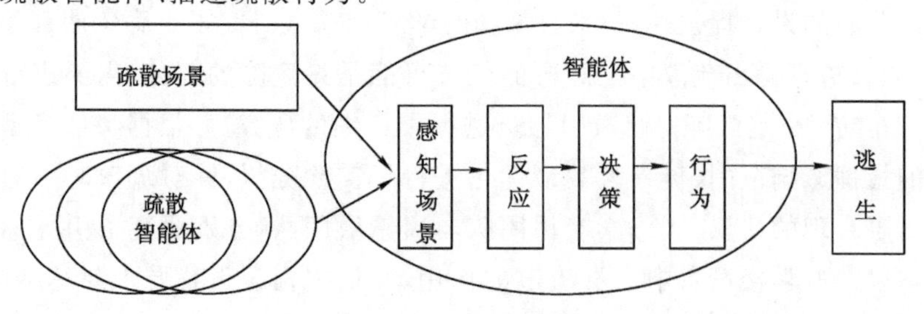

图 7-1 智能体模型原理图

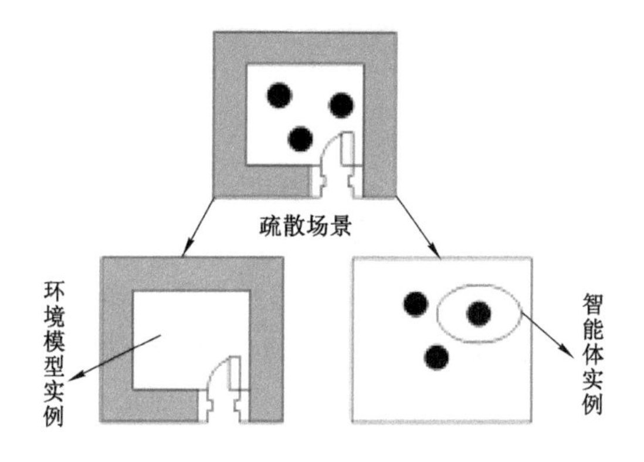

图 7-2 疏散模型基本构成

结合疏散仿真模型的基本原理来看，本书中应用智能体理论构建疏散模型进行疏散模拟的内容可以概括为以下几部分。

(1) 初始化疏散人员：多年的疏散研究已经证实人员属性会对疏散过程产生很大影响，而疏散人员作为疏散模拟的主体是实验的基础，模拟中初始化多种不同属性如年龄、性别、受教育程度或是场景熟悉程度的虚拟疏散体很有必要。而在多房间多出口的场景中，人员属性的差异对于疏散的影响会更大，如对场景熟悉的人员可以就近找到出口逃离，而对场景不熟悉的人群则会跟随其他人群进行逃生。因而，合理抽象不同属性智能体进行初始化是疏散模拟的第一步。

(2) 智能体感知层：智能体理论中，智能体的反应性特征使得其能够感知环境。基于此疏散智能体模拟真实行人疏散逃生的过程中，需要能够感知周围环境进行决策。室内场景中虽然结构复杂，但就疏散模拟来看主要包含三类感知信息即障碍物信息、其他疏散者信息与出口信息。如智能体感知到障碍物后进行避让，感知到出口时开始逃生行为。不同属性的智能体都能感知到信息，而感知到的信息与人员属性最终决定了智能体如何实施具体的行为。

(3) 智能体行为运动层：疏散中人员的疏散行为复杂多变，为了完成高真实度的仿真，疏散行为的仿真尤为重要。在智能体理论中，智能体的行为包括自主行为与交互行为，通过对两类智能体行为的分析以及相关研究中典型疏散行为的总结，结合已有的行人移动行为模拟算法来实现智能体疏散行为高逼真度的模拟。

7.2.2 疏散模型构建

7.2.2.1 环境模型构建与场景分析

构建环境模型模拟实际疏散场景，是完成疏散仿真的基础。而在智能体理论中，智能体需要能够接收环境信息并按照一定规则进行决策，因而更需要合理地模拟实际疏散场景，从而能够使得疏散智能体从环境模型中感知环境、接收信息进而完成与疏散有关的决策。为了简化疏散环境空间建模的复杂程度，很多研究者将疏散场景抽象为元胞空间，并将部分元胞视作智能体进行封装扩展来模拟行人，简化建模难度的同时还能够提高仿真效率与真实度。但该法存在以下缺点：① 多房间多出口的复杂场景环境中元胞无法完全表达；② 行人运动方向只有邻域内的有限方向与疏散中行人的随意性较为不符[图 7-3(a)]；③ 在描述对场景熟悉行人的最短路径的疏散行为时，路径规划计算量较大。因而本书选择使用几何连续模型为基础构建环境模型，即人员的位置与房间主要构件的位置等均由几何坐标来表示[图 7-3(b)]。

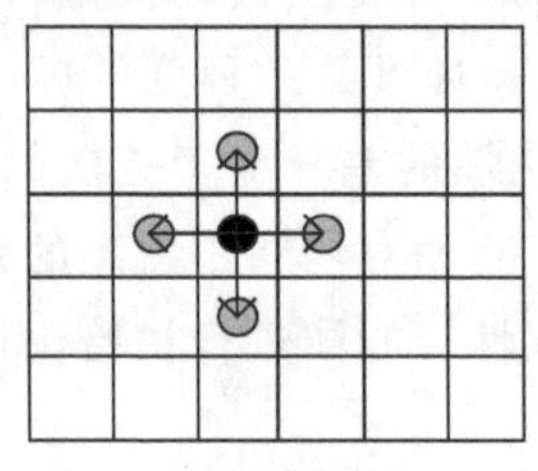
(a) 元胞空间法

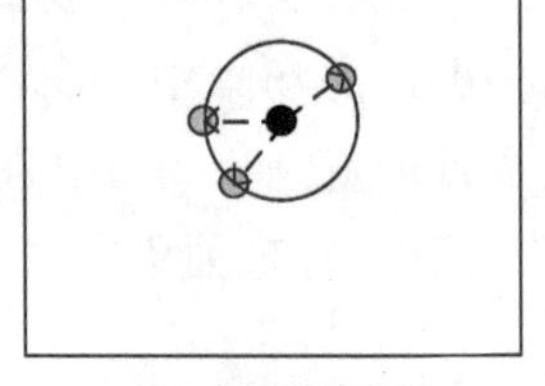
(b) 几何连续空间法

图 7-3 行人疏散运动方向对比

本书以某大学学院办公楼为研究实例，完成疏散模拟相关研究内容。整个学院办公楼共分为五层，每个楼层都划分为 A、B、C 三个区共 8 个出口，通过一条走廊连接多个房间与出口，符合典型多层建筑中多房间多出口的特点，如图 7-4 所示。在构建语义模型之前，首先针对待研究场景进行场景分析以确定哪些实体需要进行语义化即可被智能体感知。在疏散过程中，行人通过自己的感知器官感知周围环境信息。据研究[42]，针对交通参与者的各种感知器官进行测试分析表明，各个器官获取信息比例中视觉器官占比最高，可达 80%；其次为听觉，而嗅觉、触觉等感知器官在此忽略不计。而在疏散过程中，视觉器官感知所得信息最为直接、迅速，通过视觉感知到的信息占比更多，因而本书实验中主要考虑疏散智能体基于视觉器官感知场景进行环境空间语义建模，根据疏散智能体视觉信息定义场景语义实体并赋值[43]。在多房间多出口的紧急场景中，发生意外事故后，智能体观察四周环境确定自己所处位置，感知场景环境空间进行疏散逃生；同时在疏散过程中，能够躲避障碍物、感知周围人群状况。通过以上分析，基于几何模型定义各疏散语义实体并赋予属性信息，具体实体可以细分为出口、楼梯、走廊、房间等。

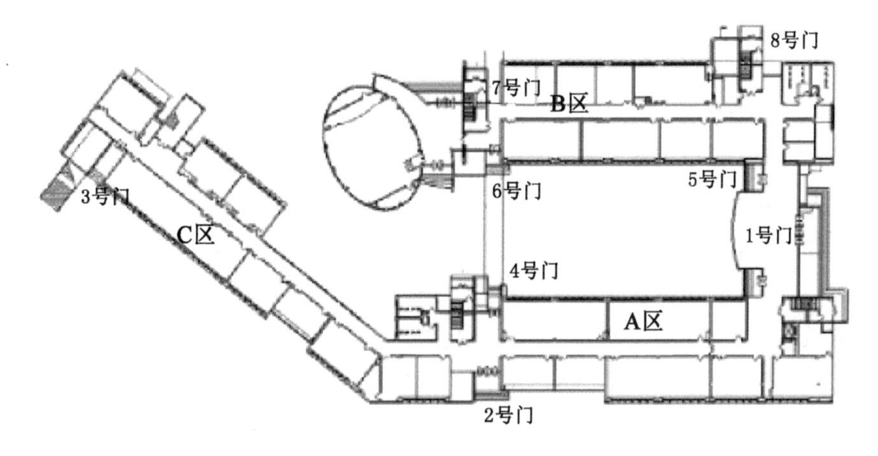

图 7-4　研究场景平面示意图

完成研究场景环境空间模型的构建工作后，针对场景分析其人员组成、环境特征以及行人可能的疏散行为是很有必要的。在很多疏散仿真研究中忽略场景结构差异或是室内环境对于行人的影响，这就会导致仿真结果出现偏差。举例来讲，以普通学院办公楼与地铁站为研究场景进行疏散仿真，两者在人员组成、环境特征等方面均存在较大差异，必然会导致人员疏散心理、行为等的不同，地铁站内人员趋光性严重且疏散中行人流为双向，而办公楼内往往单向疏散，因而在构建疏散模型时也需要具体场景具体分析。本书在相关疏散研究的基础上，结合学院楼环境以及人员组成，对研究区内行人疏散特征分析如下：

(1) 相关研究中，不同年龄段人群所感知到的危险程度、疏散速度以及反应能力都不相同，同时男性女性之间的反应、行为也存在着一定的差异，因而在疏散模拟的过程中需要考虑疏散体之间的差异。在测试区学院办公楼内，绝大部分都是身体状况健康的青壮年人员，几乎没有老人与儿童，且成年人中男女比例大致为 7∶3。同时，学院人员大部分都参与过消防演习，在面对突发事件时能够做到头脑清醒、冷静处理，同时第一时间撤离现场并完成报警。

(2) 室内场所发生火灾等事故后，由于室内结构封闭进而会导致疏散人员心理恐慌；同时，如果疏散人员没有接受专门的训练而手足无措开始徘徊行为或是跟随行为，可能会大大阻碍疏散进程使救援受到影响。办公楼内多次组织疏散演习，故在本次模拟中不考虑恐慌心理及其产生的恐慌行为。同时，疏散时行人通常会产生侥幸心理或是冲动心理，强烈的外界环境刺激加上情绪激动，会使人们产生一些冲动的行为，如从窗口跳下、停止逃生行为等。而本次实验中的实验主体多为受教育程度良好的学生，故该种心理影响下产生的行为也不加考虑。

(3) 就疏散效率来看，疏散人员对于周围环境的熟悉程度会很大程度影响疏散过程，疏散者受到日常行为影响往往会沿着自己熟悉的道路前进。若疏散者对附近环境空间熟悉，便可以很快确定距离自己最近的疏散出口，快速完成逃生，同样还可以辅助他人进行逃生。除此之外，人员对于环境的熟悉程度高，逃生信心提升，成功快速逃生概率也会大大升高。一般熟悉程度主要影响因素包括疏散者自身、环境复杂度以及室内空间格局。就本次实验来看，学院里大部分为教职工、学生等内部人员，对楼内环境都很熟悉；同时，学院内部结构清晰、指示标志齐全，陌生人感知了解环境较为容易。

7.2.2.2 人员疏散模型构建

不同属性智能体的行为与特性会出现差异化，而结合智能体理论可以很好地表达疏散异质个体。作为疏散行为的主体，首先需要研究如何表达疏散智能体。基于上述场景分析以及对智能体的特征分析，对每个疏散智能体定义如下：

$$A_i = \{P_{\text{flag}}, P_{\text{os}}, D_{\text{exit}}, S, A_{\text{b}}\} \tag{7-1}$$

式中定义了第 i 个疏散智能体的基本信息，P_{flag} 表示疏散智能体的个体类型（主要包括性别、速度等），P_{os} 表示疏散个体当前的位置，D_{exit} 为选择的出口，S 为智能体携带的视觉感知器以接收环境信息，A_{b} 则代表了该智能体在当前时刻下的行为，后文会详细叙述。

智能体参数的准确与否将会影响仿真的精确程度，对整个疏散实验结果产生重大影响。本次仿真实验的主要研究对象是学院办公楼及楼内人员，需要结合实际调查在相关研究的基础上进行智能体参数的标定，包括人员形态以及属性等不同方面参数的确定以完成仿真实验。在最早的二维疏散仿真研究中，研究人员通过将疏散行人抽象为一个圆形、椭圆或是十字架的形状后，运用数值计算的方法来进行疏散模拟。而这些图形在疏散过程往往不能直观展示疏散细节与碰撞，无法满足三维疏散过程可视化的要求，因而本书选择使用胶囊体模型来模拟疏散行人。胶囊体模型通过定义胶囊体半径以及高度来分别表达行人的肩宽与身高,不仅能够逼真地模拟行人,还能够通过碰撞检测来避免疏散中因表达拥挤等现象而产生的重叠或穿透现象。在学院办公楼内粗略地统计调查后,结合《中国成年人人体尺寸》提取相关行人数据,其主要统计了中国法定成年人的相关人体特性数据如身高、胸围、肩宽等,同时为了降低仿真前期工作的复杂程度,本次仿真实验设计了两种类型的行人身体模型,包括身高 172 cm、肩宽 425 mm 的匀称身材的成年男性与身高 160 cm、肩宽 300 mm 的匀称身材的成年女性,如图 7-5 所示。

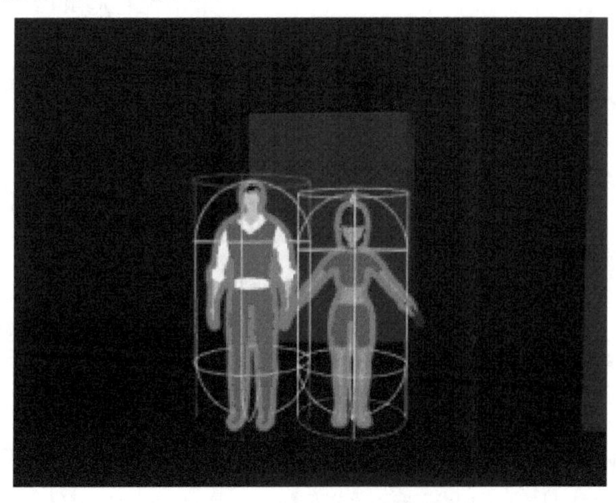

图 7-5　行人模型渲染效果图

疏散中的行人速度即行人在疏散过程中的速度,想要准确确定行人速度较为困难,原因在于疏散过程中会出现各种各样影响疏散速度的因素如环境、行人状态、疏散人群形态,等等。因而本书将采用目前被广泛应用的 Fruin[44] 的疏散研究成果里的水平疏散速度范围作为疏散模拟实验中智能体水平行走的速度标准,并结合实际大致测试确定了本次仿真实验中的行人疏散速度标准,按照性别分为下楼速度和水平行走速度,如表 7-1 所示。

表 7-1　智能体行走速度

性别	水平行走的速度/(m/s)	下楼的速度/(m/s)
男	1.5	1.0
女	1.3	0.8

7.2.2.3 智能体感知与行为模型设计

在疏散过程中行人主要依赖视觉器官感知接收信息，本次实验中智能体的感知模型主要为视觉感知模型，通过定义智能体的可视范围来确定可被感知的语义实体。视锥体模型以人眼为中心，每个视锥体都由一个或多个视角以及视距来定义，如图 7-6(a)所示。根据研究[42,45]可以得到人类水平视觉范围相关参数，如图 7-6(b)所示。

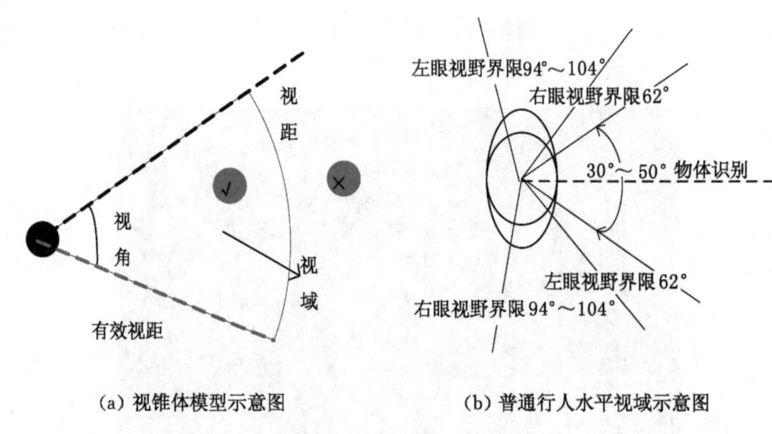

(a) 视锥体模型示意图　　(b) 普通行人水平视域示意图

图 7-6　视觉感知模型构建示意图

完成智能体感知部分的设计工作后，智能体通过感知到的环境信息作出行动。需要针对智能体的疏散行为进行研究，以保证疏散智能体能够像真实人类一样进行自主移动。行为通常表征意志或是本能驱动下的行人的动作，其既包含了简单机械系统的大部分可预测动作，也包含了智能体系统中各种复杂的动作。在本书中行为即代表了疏散智能体的自主动作，实验将关注应用操控行为算法对疏散智能体的疏散动作进行表达与模拟，通过操控角色使其能够模拟真实的方式在虚拟世界中完成动作，实现高真实度的疏散模拟行为。"操控行为"(steering behaviour)这一概念最早由 Craig Reynolds 提出并使用计算机仿真技术模拟鸟群以实现高逼真度的动画效果。

操控行为通常包含许多基本行为，本书设计疏散智能体的基本疏散操控行为包括：① 逐渐靠近房门与疏散出口位置的靠近行为；② 沿着周围行人或疏散路径进行疏散的跟随行为；③ 躲避房间墙壁等室内障碍物的避障行为；④ 与周围智能体保持疏散路径方向的组织队列行为；⑤ 在室内狭小空间形成的成群聚集的聚集行为等。本书将基于研究[46]中的 AI 移动模型 Vehicle 模型以构建疏散行为模型，Vehicle 模型中使用"最大力"(max_force)的概念来表达行人状态，将移动对象抽象为一个包含位置、速度、朝向等信息的质点，速度随着施加力的变化逐渐向最大速度接近。而在疏散实验中，人员急转急变速等现象较为常见，因而操控力大小以及加速度的计算步骤较为多余。实验中仅对操控力方向进行计算以控制疏散智能体的疏散方向。实现过程中，基于修改后的 Vehicle 模型抽象 Vehicle 基类封装智能体疏散运动相关数据包括疏散中的各行为列表、最大速度、转向速度等，实现疏散智能体运动层的类都继承自 Vehicle 类控制智能体运动包括计算移动距离、限制移动速度等；将总结的疏散行为抽象为 Steering 基类，操控疏散角色完成靠近、队列、聚集、避障等行为都由此派生，以实现高真实度疏散行为的仿真。

疏散中，疏散行人主动向房门或是出口靠近的行为最为常见。实现靠近行为的具体算法步骤包括：① 选择目标位置(房门口或是出口)；② 依据当前速度向量与目标位置，计算操控向量；③ 角色向目标位置移动。具体来看，想要让智能体靠近目标，通过智能体当前位置到目标位置的向量以及当前的速度向量的减法操作，即可完成靠近行为的模拟，如图 7-7 所示。

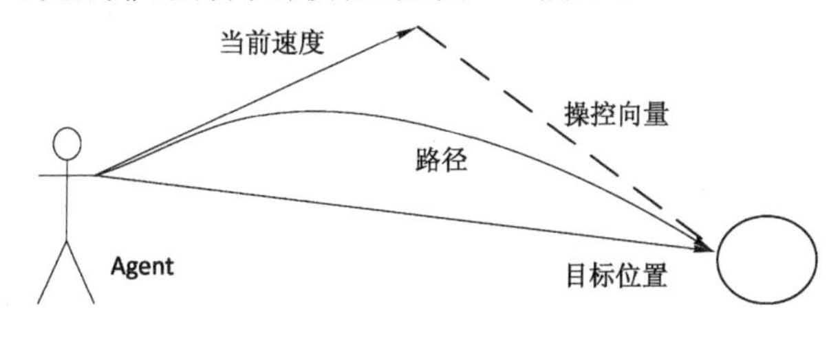

图 7-7 靠近行为示意图

室内环境中避障行为能够帮助智能体避开路径上的障碍，如在疏散时绕开墙壁的行为，如图 7-8 所示。在感知系统构建过程中定义了智能体的可视条件以及障碍物的触发机制，利用此结合避障行为算法可以实现智能体疏散过程中避障行为的模拟。当智能体发现逃生路径上的障碍时，通过操控向量能够使角色远离障碍物。避障行为算法的具体实现步骤可以概括为：① 发现障碍物，首先利用智能体的速度向量以及智能体的视场与视觉计算角色的视线向量，记为 ahead，ahead 向量的模长决定了疏散智能体避障的时间；② 利用物体四周包围球来标识场景中的各种障碍；③ 通过碰撞检测来判断视线向量是否在障碍物包围球内，在则说明继续往前走会发生碰撞；④ 根据各种障碍物的大小以及ahead 向量，计算角色移动方向。

队列行为的实现基于靠近行为，所不同的是当角色位置与目标位置之间的

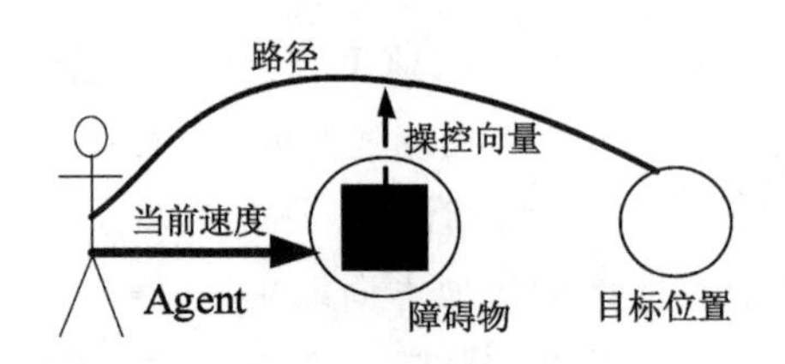

图 7-8 避障行为实现示意图

距离很小时，靠近行为会让角色继续前进直到角色位置与目标位置完全相等。而队列行为里目标本质上是另一个智能体，实现的最终效果是接近目标并减慢速度，类似于排队一样。具体思路概述为：角色向既定的目标位置靠近，在此过程中需要添加碰撞检测事件，若当前角色与目标角色之间的距离小于一定阈值后当前角色需要进行减速。聚集行为的实质是多个角色向目标点进行靠近，聚集行为的一个重要参数是汇聚的目标位置。在最终汇聚目标位置不明确的情况下，通常采用的方法是迭代所有参与汇聚的智能体角色求得位置的平均值作为汇聚位置，在疏散中靠近的目标位置是确定的，因而在靠近行为基础上定义汇聚目标参数即可。

7.2.3 仿真流程设计

基于疏散模型设计人员疏散仿真可视化程序。通过对客体场景以及疏散行人的分析，抽象疏散行人及其相关运动特征以及对疏散场景相关信息的表达，完成疏散过程的三维可视化表达。进而能够通过模拟结果，研究分析多出口多房间空间条件下的有关问题。具体来说，可以将整个仿真过程分为三个阶段，第一阶段，根据构建的室内空间模型以及研究区域的实际情况初始化属性不同的一定数量的智能体，在疏散中不同属性的个体会表现出差异，最终产生的模拟结果才更具有参考价值以及真实度。第二阶段即疏散模拟开始阶段，智能体依据感知系统感知自己的位置，根据指定的疏散应急预案选择指定的房间出口以及逃生出口，就近选择逃生路线。第三阶段即疏散进行阶段，智能体按照疏散速度进行前进、避障、排队等疏散行为，并判断是否完成疏散。本书使用 3ds Max 建模软件与 Unity3D 集成开发环境进行疏散环境空间的建模工作，相关算法与仿真流程的实现基于 Unity3D 引擎与 C# 脚本完成，设计最终的疏散仿真流程如图 7-9 所示。

仿真首先需要依据研究区场景，完成疏散环境空间模型构建工作。场景几何模型是仿真平台构建的基础，为了满足仿真中疏散过程的三维可视化要求，

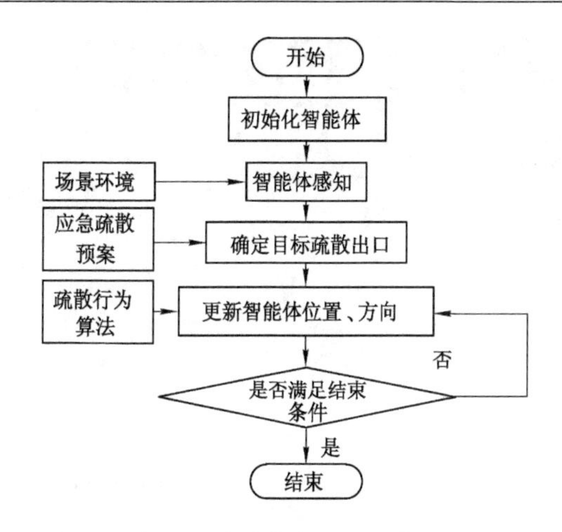

图 7-9　疏散仿真流程示意图

将实验使用场景的三维几何模型数据作为原始数据。因而本书实验区域的三维模型数据[见图 7-10(a)]使用 3ds Max 软件制作。原始场景数据制作完成后导入 Unity3D 集成开发环境,依照环境模型进行静态语义场景构建工作。同时针对多房间的环境特点依照层次模型对房间进行层级组织,环境空间模型中一个房间的主要构成包括墙壁、房门以及供智能体感知的触发器,具体层级组织与模型示意如图 7-10(b)所示。对楼梯部分的处理工作主要是将楼梯以中间平台为界划分为两部分,随后通过每部分的上下两点坐标[图 7-10(c)]完成楼梯间的连接并利用线性插值函数完成每层楼梯两部分间的疏散仿真。

仿真开始疏散智能体按照位置信息选择确定的疏散出口进行疏散。在多出口的室内场景中,现实生活里影响行人选择出口的因素有很多,如到出口处的距离、出口位置的宽度、前方道路的拥挤度,等等。但在发生紧急事件的情况下,疏散人员开始疏散逃向目标疏散出口,此时疏散人员最容易根据自己的记忆或是到某一出口的最短距离来选择疏散出口。而在实验区域里已经进行过应急疏散演习,紧急疏散路线如图 7-11 所示,因而在仿真中智能体将依据疏散路线图的指示进行疏散路线求解并进行疏散。在初始仿真过程中,选择使用紧急疏散路线图的出口分配方案为智能体选择目标疏散出口,这既能简化疏散模拟中的目标出口选择复杂问题,同时仿真结束后还可以尝试依据实际的相关数据比对初步验证仿真的真实度。在选定目标疏散出口后,针对房间中多房门口的情景利用两点间的欧式最短距离公式来求解当前的目标房门出口。

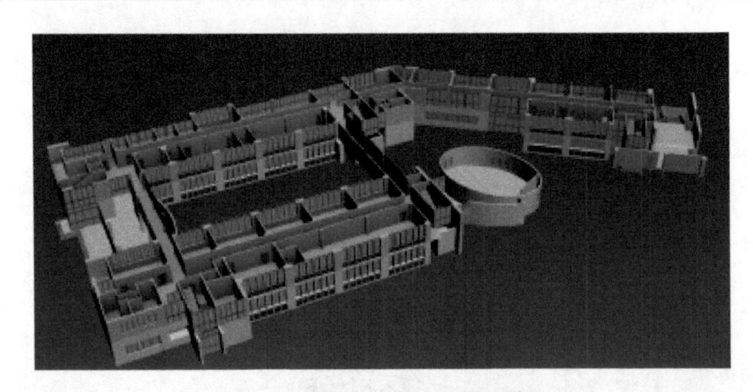

（a）实验场景三维模型数据

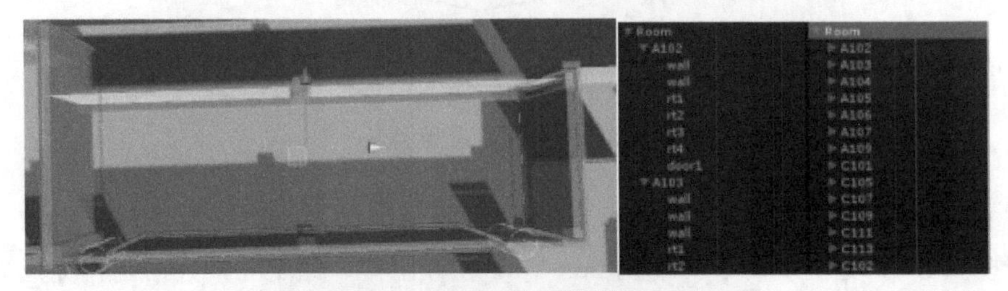

（b）房间层次模型构建

（c）楼梯模型构建

图 7-10　环境空间模型构建

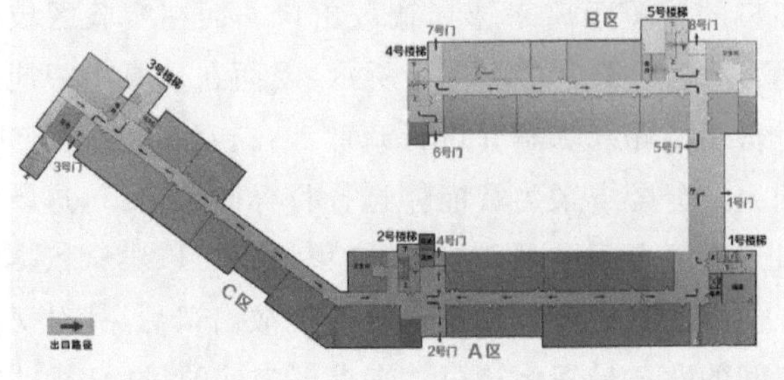

图 7-11　研究区紧急疏散路线图

7.3　疏散仿真验证与流程分析

7.3.1　疏散仿真模拟与分析

初始化约千人规模数量的疏散智能体，从整个疏散流程来看，行人在发生紧急事件后首先向房门口进行疏散迅速完成群组的聚集，到达房门出口后进入走廊并依据疏散路线图指定的出口进行进一步的疏散，由于房门出口的限制在房门处形成了滞留拥挤。随着疏散的不断进行，大部分人员出门后到了更加宽阔的走廊处后逐渐稳定，从走廊依次进入指定的楼梯口，并从楼梯口到达一楼并寻找目标疏散出口，在出口再次完成汇集后过渡到室外区域完成整个疏散过程，如图 7-12 所示。

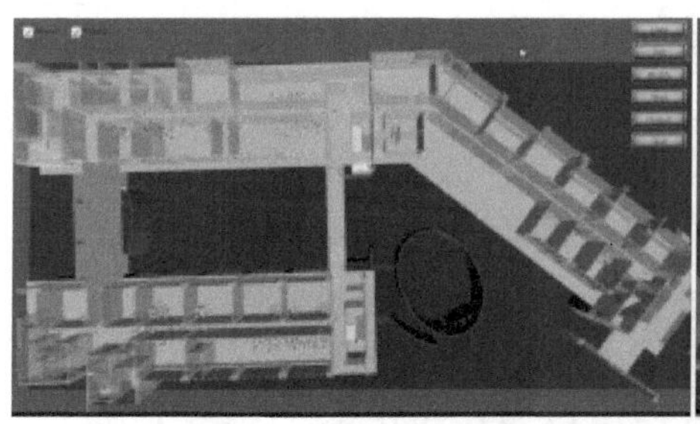

(a) 开始疏散时　　(b) 一层疏散情况

(c) 二层疏散完成　　(d) 疏散临近结束

图 7-12　疏散仿真关键时刻示意图

在行人疏散的过程中，研究者们基于真实疏散场景的观察与研究，从实际数据中对疏散人群的聚集规律与特征进行了总结，并依据这些规律来指导应急疏散规划与管理。其中，疏散人群自发结队的自组织行为是一个不可忽略的问题。应急条件下的疏散过程中，疏散个体极容易受周围邻近人群行为的影响，导致最终的行为表现与周围他人行为状态保持一致，典型的现象包括人群疏散中由从众引起的抱团现象、由于拥挤冲突而导致的狭窄出口成拱现象等。随着系统演化理论如协同学、混沌理论的不断完善发展，通过自组织理论研究疏散中随机的、不受外部控制或计划的自发形成的随机现象逐渐成为研究重点。利用有关研究中总结的疏散行人自组织行为特征或现象，将其作为本书实验中检验疏散仿真模型是否具有合理性的判断依据，对本书构建的仿真模型做一个定性的验证。首先依据有关研究中的真实疏散视频或是已验证的疏散仿真场景，从疏散群组形态以及整个疏散流程两方面的疏散自组织现象对比仿真中的疏散过程进行真实性验证。

图 7-13 所示为有关研究总结的来自真实疏散场景下的视频监控截图与有关研究的疏散规律示意图。发生紧急事件后的很短时间间隔中，教室内的人员迅速向门口处移动并在门口处形成聚集状趋势，自组织的聚集形状如图 7-13(a)、(c)所示。随着人员不断移动，从房门出口出来后进入走廊通道后的自组织现象如图 7-13(b)所示，相邻个体在保持合适的间距下按照一定的顺序向指定方向前进形成了自组织队列。疏散仿真过程中，疏散开始后智能体首先感知

(a) 疏散个体汇聚　　(b) 疏散个体自发排列

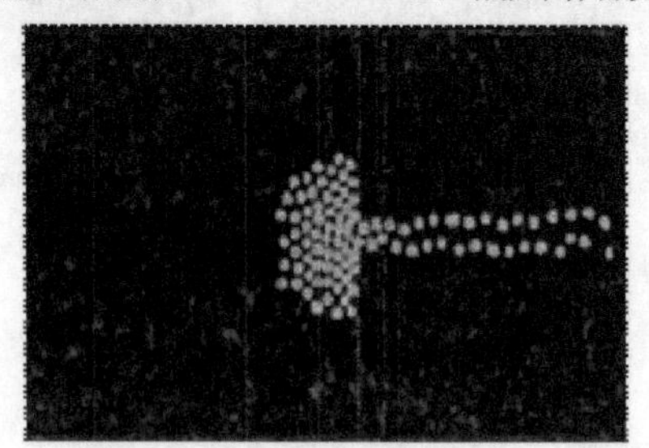

(c) 出口成拱现象示意

图 7-13　室内疏散典型的自组织现象

自己位置并选择指定的房门出口进行疏散，如图 7-14(a)所示；从房间中进入走廊后，行人在走廊中按队列进行疏散，如图 7-14(b)所示；到达疏散出口后，由于疏散出口的宽度限制会呈现出口成拱的现象，如图 7-14(c)所示。

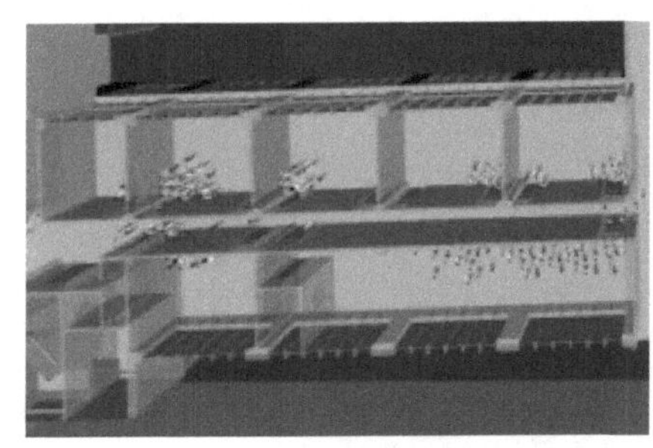

(a) 初期疏散汇聚

(b) 自组织队列形态

(c) 仿真出口处成拱状态

图 7-14　仿真中复现的典型自组织现象

通过可视化的疏散仿真过程结合相关疏散模拟研究的结论可以大致判断疏散仿真过程具有一定的真实度。为了进一步验证模型的可重复性，在 1 号门出口处记录不同疏散行人抵达出口位置的时间，收集 5 次重复实验的结果来测试模型的稳定性。5 次实验统计的总疏散时间分别为 77.5 s、78.6 s、78.2 s、78.3 s、77.2 s、78.1 s，统计折线图如图 7-15 所示。根据表中的数据对比可以发现，几次实验的最先完成疏散行人所耗费时间与总体疏散时间的差值均在 1.5 s以内，从图中可以看出行人疏散人数随时间波动趋势大致相似，判断数据吻合度较高，验证了疏散模型的稳定性。

结合疏散中行人点位置数据与相关空间点模式分析方法则可以定量化验证疏散仿真可信度。空间点模式分析最先应用于生态学领域，主要用于植物种群的分析与测度，随后还应用于犯罪分析领域包括犯罪热点探测与分布规律研究中[47]。疏散中的应用空间点模式分析则主要根据疏散人员的空间位置来分析疏散人员空间分布特征，结合疏散规律以验证仿真的可信度。本书应用空间

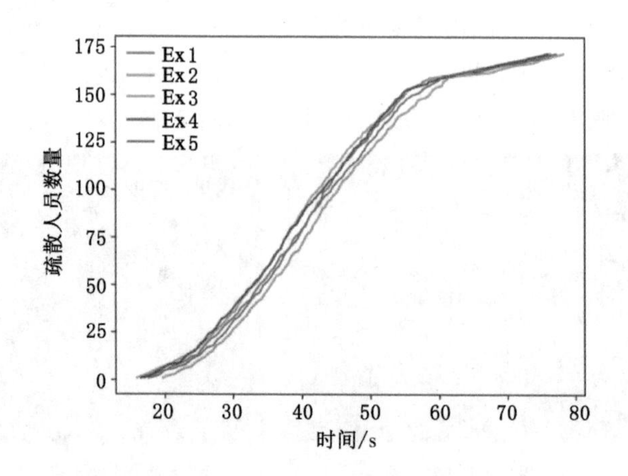

图 7-15　一号出口仿真实验统计折线图

点模式分析分别选取疏散中两个典型时刻即疏散开始时与临近结束时的疏散行人位置数据进行疏散行人聚集特征的分析，利用最邻近指数法与 Ripley'K 统计法对聚集状况进行探讨，利用平均中心计算工具与方向分布工具对聚集趋势进行描述。

首先分析仿真开始时刻的房间内部行人分布情况。在疏散初期场景内疏散行人大多集中在房间内，以单个房间为研究区域通过计算最邻近指数对分布类型进行判断来确定是否存在聚集分布。分别计算研究场景各房间的最邻近指数 R 值，行人疏散的分布如图 7-16 所示，利用 ArcGIS 软件计算的各房间最邻近指数统计分析结果如表 7-2 所示，表中各房间的最邻近指数均小于 1 且对应的检验值 Z 均小于-1.96，可以判断疏散开始时的行人分布表现为聚集分布模式。

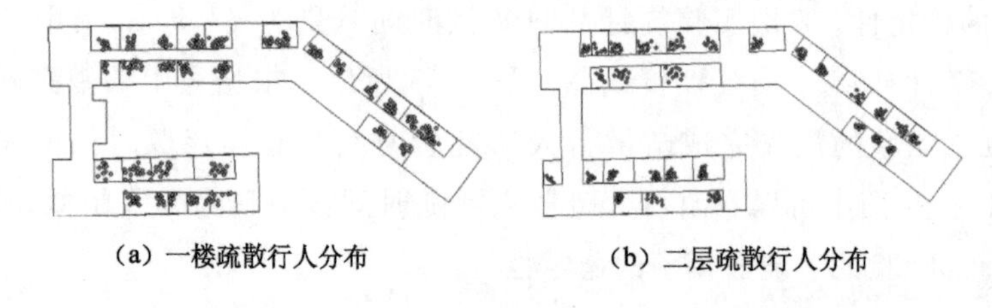

(a) 一楼疏散行人分布　　(b) 二层疏散行人分布

图 7-16　疏散开始后的行人分布

确定疏散时刻的基本分布模式后，基于当前时刻的行人坐标数据可以准确地揭示疏散行人在疏散中的集聚趋势。首先利用平均中心工具计算房间内疏散行人的平均中心，计算空间要素的平均中心通常可以表示要素的几种趋势。

通过未疏散时与疏散开始时的平均中心对比以用于追踪疏散中行人分布的整体变化。对计算结果进行可视化输出如图 7-17 所示，结合图 7-17(a)可以看出疏散开始前平均中心(圆形所示)与开始后平均中心(三角形所示)的变化，房间内的行人总体平均中心一致偏向走廊一侧，这个现象与观测仿真过程中发现的规律保持一致，且不同的房间呈现不同的聚集特征，多房门口的房间由于行人初始位置的原因导致选择房门的不同，故出现前后平均中心对比无明显偏转方向，而较小房间的行人平均中心则相较之前更靠近房门方向，而图 7-17(b)也明显体现出了这种规律。

表 7-2　疏散开始时各房间最邻近指数统计表

房间	R	房间	R	房间	R	房间	R	房间	R
A103	0.74	C109	0.82	B112	0.73	A208	0.74	C206	0.72
A105	0.81	C111	0.70	B114	0.80	C201	0.72	B201	0.75
A107	0.76	C113	0.74	B116	0.72	C205	0.68	B203	0.74
A109	0.77	C102	0.72	A205	0.75	C207	0.70	B205	0.71
A102	0.82	C104	0.78	A207	0.76	C209	0.76	B207	0.69
A104	0.79	B101	0.82	A209	0.72	C211	0.73	B209	0.70
A106	0.85	B103	0.83	A213	0.78	C213	0.69	B202	0.76
C101	0.75	B105	0.78	A215	0.82	C215	0.72	B210	0.72
C105	0.69	B107	0.77	A202	0.78	C202	0.72	B210	0.83
C107	0.75	B110	0.84	A206	0.72	C204	0.71		

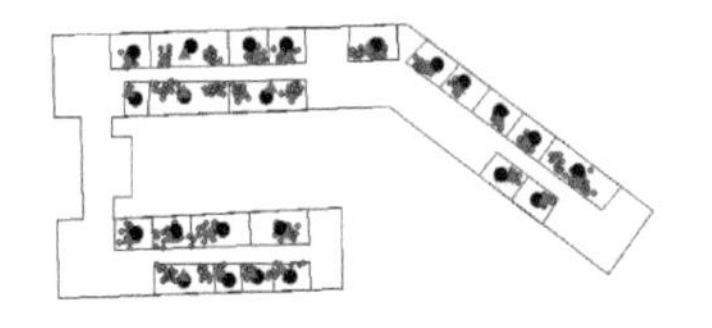

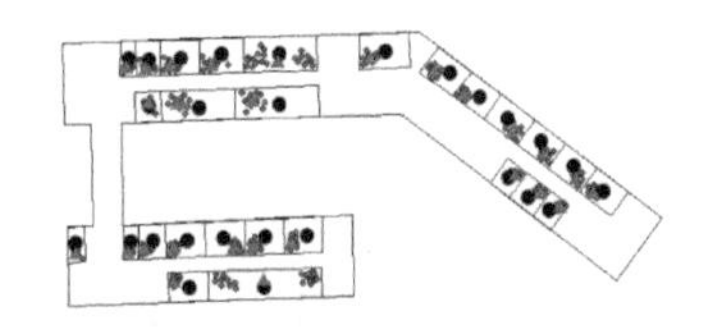

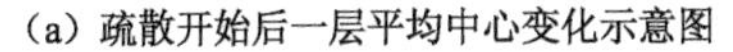

(a) 疏散开始后一层平均中心变化示意图　　(b) 疏散开始后二层平均中心变化示意图

图 7-17　疏散开始平均中心分布图

在疏散后期行人走出房间聚集在走廊、出口等狭窄空间等非固定研究区域，因而应用最邻近分析方法无法确定行人分布区域的面积进而确定其分布模式。故本书将利用 Ripley's K 函数针对疏散后期行人数据进行空间统计分析以衡量行人分布模式。本书利用 ArcGIS 中的多距离空间聚类分析工具对疏散后期出口附近行人数据进行分析以判别分布模式，以行人间感到拥挤距离 0.5 m为开始距离，设置距离增量为 0.5 进行十次计算，以出口一为研究示例来计算行人分布的 K 函数曲线，如图 7-18(b)所示，从图中可以看出，十次计算的 K 观测值(红色部分)始终大于 K 预期值(蓝色部分)且 $L(d)$的值均大于 0，因此可以判断在出口处基本呈聚集模式，对其他出口位置可以利用 K 函数法完成聚集验证，得出各出口位置行人也处于聚集状态，因此可以判断行人的聚集分布状态。

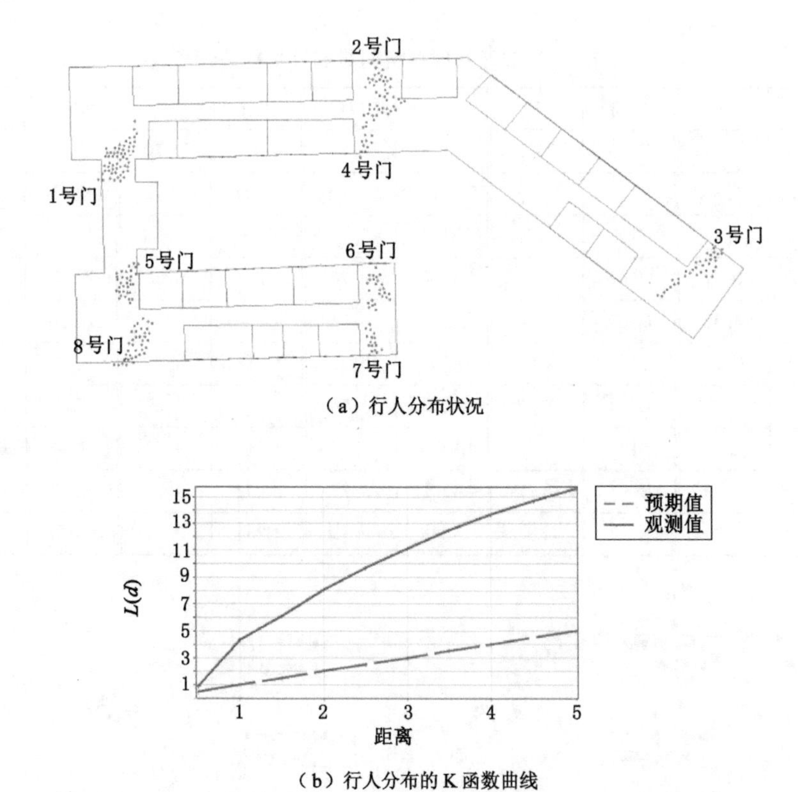

(a) 行人分布状况

(b) 行人分布的 K 函数曲线

图 7-18　疏散末期行人分布分析

同时为了更精确地对行人聚集趋势进行探讨，使用标准差椭圆方法对行人集聚方向进行描述。具体各出口位置疏散末期行人分布的标准差椭圆计算结果如图 7-19 所示。其中，标准差椭圆的长轴方向即代表了行人分布集聚的主导方向,图中可以看出行人方向流向基本是从走廊处到出口处,与疏散方向基本保持一致;除了标识集聚方向外,标准差椭圆的短半轴通常能够说明行人的离散程度,短轴越短意味着向心力越明显,图中几处短轴较长的椭圆都位于较为宽阔的位置,短轴较短的几个椭圆通常在狭长地带,这与环境空间特征以及疏散规律相吻合。

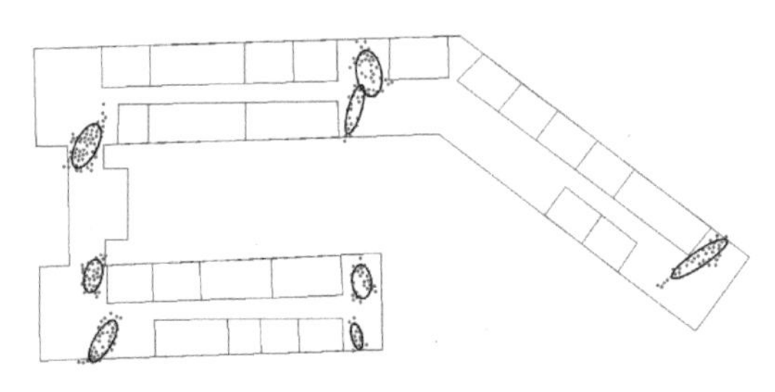

图 7-19 疏散末期行人分布方向标准差椭圆计算

7.3.2 疏散仿真流程分析

疏散模型的真实性保证了应用仿真疏散结果进行分析的可行性,基于仿真模拟中人群疏散分布数据,从室内空间使用强度、空间人群分布聚集度等角度进行分析,能够识别疏散过程中的危险位置与疏散瓶颈,保证现实中的疏散安全。应用核密度分析方法的目的是根据行人不同时刻疏散分布快速准确定位疏散瓶颈位置、识别拥堵区域[48,49],方便设立警示标志以及应急疏散预警与管理。但疏散过程是一个动态的过程,这就给利用传统二维核密度分析方法来研究疏散瓶颈位置带来了困难。随着时间的推移,密度表面会发生很大变化,忽略疏散中的时间维度相关数据会导致不能解读不同时刻下的疏散行人聚集态势或是忽略风险较高的特定时刻,无法重点布控预防[50,51]。因而实验选择一种考虑时间维度的三维核密度分析方法即时空核密度分析法来分析整个疏散过程行人分布特征,并通过设计有关可视化程序得出相关结论。

研究人员最先在犯罪分析领域应用顾及时间维度的核密度分析方法,通过分析犯罪事件时间与空间上的规律与特征,最终发现了犯罪通常会在某些时间集中在城市的某些部分[52,53]。之后由 Brundson 等正式提出了增加时间核函数的时空核密度分析方法并给出了计算表达式,如式(7-2)所示,式中 h_s 与 h_t 分别表示空间维度与时间维度的带宽,k_s 与 k_t 分别表示空间维度与时间维度的核函数,n 代表了事件点数量。

$$\lambda(x,y,t)=\frac{1}{nh_s^2h_t}\sum_{i=1}^{n}k_s(\frac{x-x_i}{h_s},\frac{y-y_i}{h_s})k_t(\frac{t-t_i}{h_t}) \tag{7-2}$$

在疏散领域应用核密度分析方法，顾及疏散中的时间维度，利用疏散模拟实验中记录的人群逃生时空分布数据进行时空数据分析，研究疏散中人员在时间与空间上的聚集特征，具有重要的现实意义。利用时空核密度分析方法，最终能够很容易地观察到在疏散过程中哪里具有更高密度的人员流量。将仿真实验中疏散行人位置以 txt 文件方式记录保存作为实验样本数据，样本时间范围从疏散开始到走出疏散出口为结束。目前两种常用的行人位置数据采集方法包括不规则稀疏采样方法与规则连续采样方法，为了更好地反映疏散个体的时空特征，本书实验选择使用规则连续采样方法。同时设置采样时间间隔为 0.5 s即每隔 0.5 s 记录一次行人位置数据。

根据式(7-2)分别确定时间核函数与空间核函数。目前常用于核密度估计的核函数主要包括高斯核函数、三角核函数、均匀核函数等。但研究人员通过实验证明，相较于带宽选择的不同，核函数的选择对于核密度估计结果的影响较小[54]。本书时间与空间核函数使用 Epanechnikov 内核函数，k_s 与 k_t 分别如式(7-3)与式(7-4)所示。

$$k_s(a,b)=\begin{cases}\frac{2}{\pi}\cdot(1-(a^2+b^2)),a^2+b^2<1\\0,a^2+b^2\geqslant 1\end{cases} \tag{7-3}$$

$$k_t(a)=\begin{cases}\frac{3}{4}\cdot(1-a^2),a^2<1\\0,a^2\geqslant 1\end{cases} \tag{7-4}$$

选择恰当的核函数后，一个重要的问题是确定搜索带宽即 h 的大小。带宽的选择对于最终的结果影响很大，合理的带宽设置能够让最终计算结果呈现出表现平滑总体趋势的同时，还能够表达出部分重点区域的细节。本书选择的是与 ArcGIS 软件中相同的带宽计算方法，即通过计算各输入点到其平均中心之间的距离的中值 D_m 与标准距离 SD 来确定，如式(7-5)所示，计算后经适当调整设置带宽为 1.5 m，时间维度的带宽设定为 1 s。带宽确定后，依据带宽确定输出立方体网格体素大小以呈现，网格划分大小通常小于各维度带宽的值，本实验设置输出网格大小为 1 m×1 m×1 s。

$$h=0.9\times\min\{SD,\sqrt{1/\ln 2}\times D_m\}\times n^{-0.2} \tag{7-5}$$

确定好分析方法与输出的各个相关参数后，通过 python 脚本编写程序计算各数据点的核函数值并将计算结果存储在对应的列中。计算完成后需要对计算结果进行三维呈现，具体的可视化方法参照文献[53]所叙述的体绘制(Volume Rendering)方法并借助 Voxler 软件对结果进行渲染并呈现。Voxler 软件能够完成整个体绘制过程，能够导入多种格式的数据文件并根据数据快速高效地渲染出最终的图像，而且使用者可以方便地使用菜单按钮对可视化结果进行色彩变换、拉伸等操作以更加美观地展示，结合软件中自带的可视化建模工具能够快速实现数据处理模块的编写，因而选择 Voxler 软件对计算结果进行三维可视化渲染。

将最终的计算结果在 Voxler 软件中导入后，在联络图管理器中完成相关处理方式以及渲染模块的设计与属性设置，具体的可视化图形工作流模块设计如图 7-20 所示。首先添加窗口控制器用于控制显示主窗口的相关可视化属性包括大小、颜色、环境光照强度等，随后在联络图管理器中导入利用时空核密度计算完成的数据结果；导入完成后，添加网格化 Gridder 模块对数据进行网格化分割；随后添加 Transform 模块用于完成控制图形、拉伸旋转等基本操作；同时添加 Voxler 中用于体绘制渲染的模块 VolRender 模块，能够显示出渲染结果，添加 Axes 模块显示数值坐标轴，为了更好地解读渲染结果，添加 Contours 轮廓显示工具；最后导入场景 shp 文件，配合具体场景观察疏散中存在的问题。

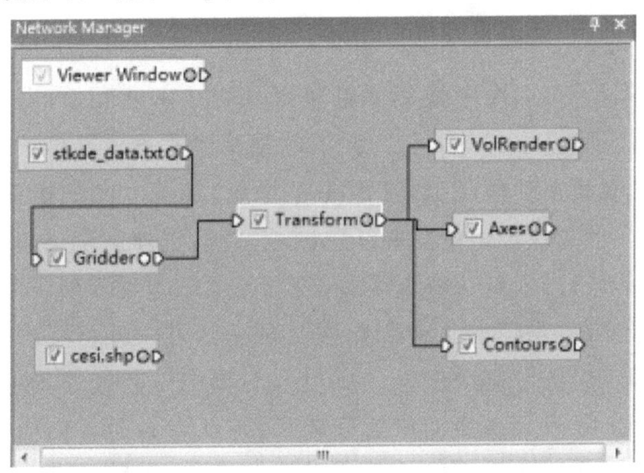

图 7-20 可视化图形工作流模块设计

根据时空核密度方法计算所得结果的可视化图形，能够直观把握了解疏散中的行人时空分布特征，得出有价值的结论。图 7-21 与图 7-22 分别为一、二层分析结果的鸟瞰图以及侧视图。依据鸟瞰图以及侧视图可以看出行人的聚集

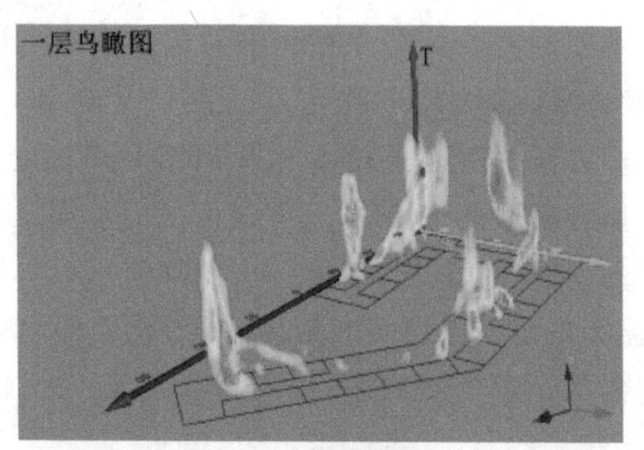

(a) 一层鸟瞰图

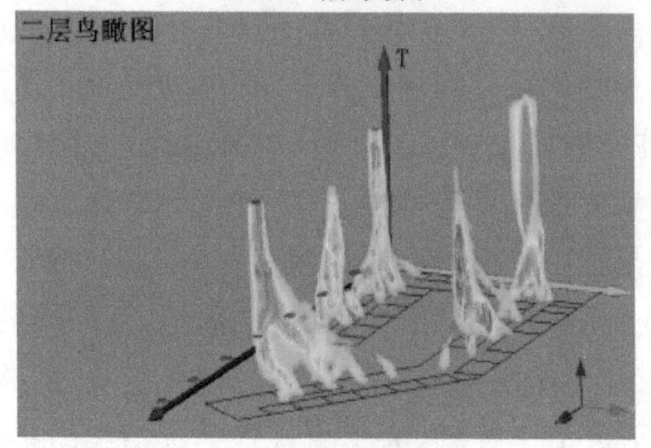

(b) 二层鸟瞰图

图 7-21　时空分析结果鸟瞰图

情况随着时间不断变化，图中使用彩虹色带来表达密度高低，即从绿色到红色表示密度值从低到高，也意味着行人疏散时空聚集程度的高低。疏散开始后行人未开始集聚，故其密度值较低，在图中呈绿色；随着时间的推移，行人逐渐往各楼梯口处靠拢形成代表密度高的红色区域，此时选择同一出口疏散的行人逐渐聚集为一个部分；进入到疏散末期后，疏散的集聚程度有所下降，即行人离开第二层往一层出口位置疏散。结合侧视图时间轴可以分析不同位置行人聚集发生的时间，即一层区域拥堵部分(红色区域)贯穿时间较长，这是由于二层行人不断涌向一层，导致了一层拥挤时间较长，因此在布防方面应该优化布防下一层区域。同时，在这些聚集区域中可以明显看到，不同位置的热点区域发生时间也不相同，如二层上 A 区靠近 1 号门楼梯位置与 B 区靠近 5 号门位置最早出现拥堵，这与行人到这些楼梯位置的距离较近有关；且最热部分(红色部分)往往出现在疏散的中期阶段，也就意味着在疏散中期的时候发生意外的可能性会更高，更需要行人注意。除此之外，结合侧视图对各出口位置的持续聚集时

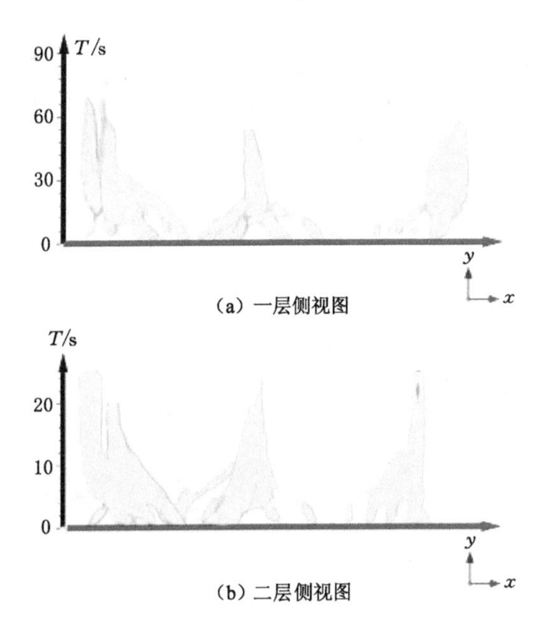

(a) 一层侧视图

(b) 二层侧视图

图 7-22　时空分析结果侧视图

间进行分析，能够初步对出口导流进行简单规划，如图中 3 号门位置红色部分较长，选择 3 号门进行疏散的行人可以考虑选择其他出口进行疏散等。

为了进一步细致探究分析结果，选取俯视图来对两层不同区域进行分析，并利用轮廓制图 Contours 工具制作密度等值线图，如图 7-23 及图 7-24 所示。首先结合等值线图可以验证各走廊与楼梯的交互部分是聚集程度较高区域这一结论，因此在疏散布防时需要注意这一部分的区域，在该位置尽量不放置阻碍行人通行的各类装饰品以提高疏散效率；同时在进行疏散教育时也需要针对性地强调这些重点位置包括楼梯走道结合处、出口处的重要性，尽量做到不推搡、不拥挤。除此之外还可以发现，分别在 2、4 号门，5、8 号门以及 6、7 号门处，位于两出口中间部分位置的密度往往比出口处的行人密度还高，这是因为行人出现交汇流动，会大大减慢疏散速度导致此处聚集程度较高，因此这些关键位置更需要保证疏散顺利进行；在宣传时更需要突出在此位置的行人不要随意更换出口，形成反向交汇流会大大提高危险程度。结合俯视图的热点部分来看，各区域靠两侧的房间聚集程度相对来说均较高，尤其是房门出口区域，因此在相关位置应尽量避免摆放大型盆栽、绿植等装饰以防止意外发生。

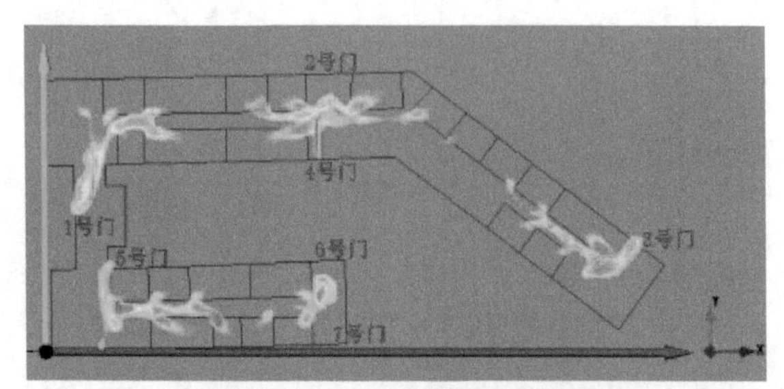

（a）一层俯视图

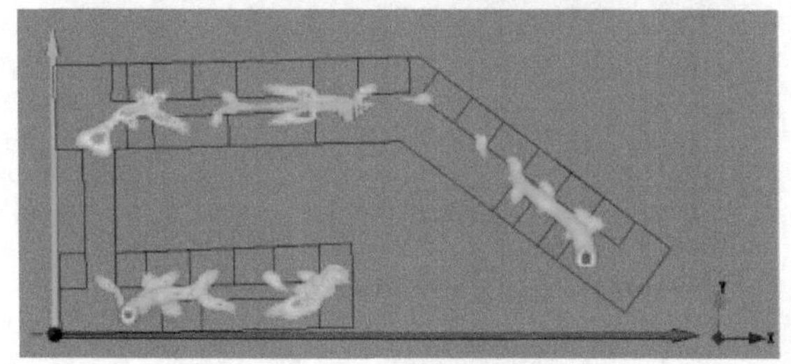

（b）二层俯视图

图 7-23　时空分析结果俯视图

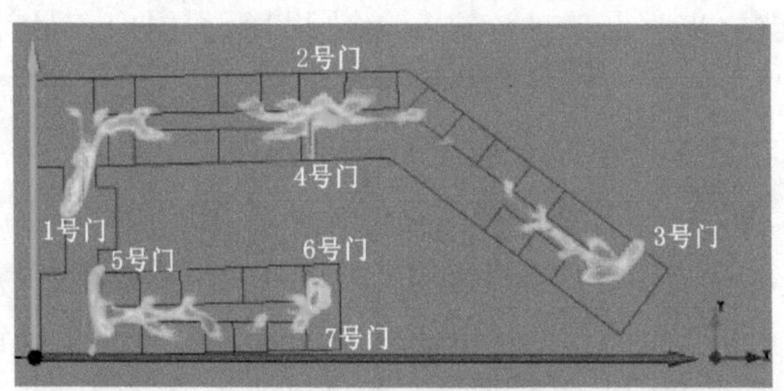

（a）一层轮廓等值线图

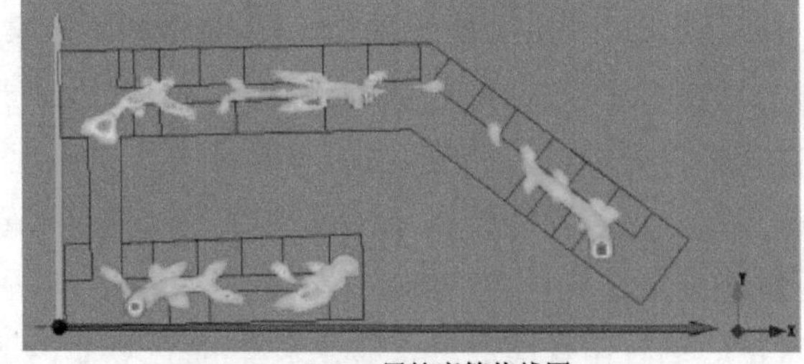

（b）二层轮廓等值线图

图 7-24　时空分析结果等值线图

7.4　基于博弈论的出口分配优化方法

7.4.1　博弈模型构建与优化方法设计

现实中多疏散出口的场景里，出口利用不均衡现象经常发生；而结合仿真中各出口处的疏散统计数据同样能够验证出口使用不均衡的情况也存在于研究场景内。在多出口的疏散环境中，对于疏散个体来讲，行人疏散最优的选择往往是自身位置到达距离自己最近的疏散出口处的最短路径，也即个人理性原则；但是在疏散过程中通常由于人数众多会发生拥堵、延缓疏散时间，从而出现有的疏散出口拥堵而有的出口却无人使用的现象，这往往就会导致"公共地悲剧"问题。疏散中，每个疏散者的目标都是尽快到达疏散出口位置，如果将疏散出口看作是一种公共资源，疏散问题则可以看作待疏散人员需要在尽可能短的时间内与其他疏散者进行博弈来争取该种资源的过程。疏散行人个体最优与系统最优之间的利益冲突很大程度上导致了疏散效率的低下。因此，在疏散过程的出口分配方案中需要充分考虑疏散者选择出口的各种因素，此时管理者的决策与疏散者的决策是一种博弈模型。基于博弈论的相关理论，从既有的出口分配方案入手，完成个体最优与整体最优之间的协调。

依据博弈论的一般形式，首先确定博弈的参与主体即管理者与疏散行人，两方之间的博弈可以使用斯塔克尔伯格博弈(Stackelberg Game)模型进行分析。斯塔克尔伯格博弈的主要思想是两方都根据另一方可能的策略来选择自己的策略，从而保证自己在对方的策略下实现自身的利益最大化；在博弈过程中，先作出决策的一方称为 leader，反应的一方称为 follower，leader 之后 follower 依据已有决策进行决策。将该博弈模型应用到疏散出口分配中的一般形式可以表示为：设两方决策向量分别为 $x_i(i=1,2)$，局中各方的目的是最小化疏散时间 $T(x_1,x_2)$。博弈中首先确定博弈参与主体即 Leader 与 Follower 角色。各行人依据初始的疏散出口方案选择指定疏散出口即为 x_1 进行疏散为 leader 方；由于室内行人众多，以行人个体为单位参与博弈计算效率较低，最终计算结果难以有效利用，实际疏散管理中难以进行更有效的规划与管理，且在实际疏散演练中也多以房间为最小单元进行疏散出口的分配，因此本次实验以房门出口代替疏散个体参与博弈。管理方作为 follower

方根据行人的策略进行反应得到新策略集即 x_2，最终产生的分配优化方案则是对 min $T(x_1, x_2)$ 的求解。最终博弈的目标是总疏散时间最短且各疏散出口利用均匀，完成疏散出口的分配策略的优化以指导行人。具体的博弈过程如下：

(1) 疏散行人 Leader 问题：本书使用房门单元代替行人个体进行博弈，能够很好地提高计算效率，给出确定的结果。在初步的决策过程中，本次实验设置各房间单元中的行人初始出口决策选择为距离该房间房门出口位置最近的出口，则最短距离出口表示如下：

$$x_1[n] = \text{index}(\min\{\text{dist}_1^n, \text{dist}_2^n, \cdots, \text{dist}_m^n\})(i = 1, 2, \cdots, m) \tag{7-6}$$

式中，x_1 为行人所在房间最终选择的疏散出口编号的集合，dist 函数表示当前房门单元到第 i 个出口间的距离，选择距离最小的疏散出口的编号进行赋值。当确定好疏散行人所在各房间单元的疏散出口决策模式后，所有的出口决策用决策向量 x_1 来表示，最终将各疏散单元的整体作为局中人以 Leader 角色参与博弈过程。

(2) 管理方 Follower 问题：管理者按照系统最优的原则进行出口分配方案的调整，目标是最大化利用疏散出口的同时最小化疏散时间。因而，管理者的问题是需要结合实际场景来研究行人的疏散出口选择策略，并通过调整迭代计算疏散时间，得到最终优化的疏散出口分配策略。结合疏散行人出口选择的相关研究，本书中设计的管理方主要从各房门位置到出口处的距离、各出口处的宽度以及选择该出口的疏散行人数量等角度利用 Togawa 公式来对疏散行人的疏散时间进行计算[54]，公式如式(7-7)所示。计算完成后选择最终预测疏散时间最短的出口作为管理方的出口决策结果。

$$\text{EvaTime}_i^n = \frac{\text{dist}_i^n}{V} + \frac{N}{CW} \tag{7-7}$$

$$x_2[n] = \text{index}(\min\{\text{EvaTime}_1^n, \text{EvaTime}_2^n, \cdots, \text{EvaTime}_m^n\})(i = 1, 2, \cdots, m) \tag{7-8}$$

式中，EvaTime 为疏散时第 n 个房门位置到第 i 号出口的预估时间；dist 函数表示当前房门位置到第 i 个出口间的距离；V 代表行人的平均运动速度；W 代表目标出口的宽度；C 则为通过疏散出口的单位流量，结合实际通常取 1.33 人/(m・s)；N 则代表比当前房间单元更靠近出口的房间中的人员数量。确定好管理方的出口决策模式后，管理方的房间出口选择由决策向量 x_2 来表示，管理方以 Follower 角色参与博弈。

(3) 博弈过程：通过上述分析可以根据式(7-6)、式(7-7)和式(7-8)所示得出两方疏散出口决策的基本模式，首先确定各疏散中的房间单元各自出口选择策略下的疏散出口，管理者在系统预测总疏散时间的基础上重新确定分配策略，之后疏散人员获得新的分配策略选择新的疏散出口，当将疏散人员与管理方分别作为一个局中人后，就是一个典型的斯塔克尔伯格博弈过程，如图 7-25 所示。

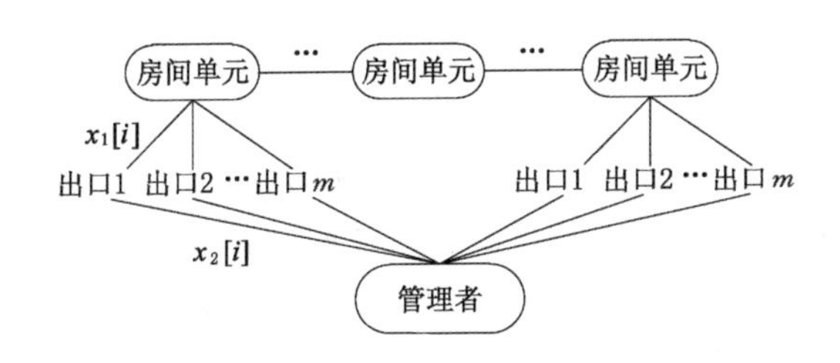

图 7-25　管理者与行人之间的斯塔克尔伯格博弈示意

博弈开始后，各疏散房间单元依据初始决策选择距离自己较近的疏散出口，随后管理者开始依据各房间相关位置信息与出口信息，重新针对各房间单元进行出口分配，计算所得的出口分配方案接近于整体最优；此分配方案偏离了初始的房间单元出口决策方案，此时通过计算各房间单元选择的疏散出口与管理者分配的疏散出口之间的距离来判断分配方案是否合理。如果管理者分配的疏散出口与用户选择的疏散出口距离过远，此时无法达到平衡行人选择初始出口；如果两出口间距离能够被接受，此时出口分配方案将会由整体最优方案向行人最优方案靠近，两种疏散出口决策方案的差距会缩小。当不再更换疏散出口选择后，此时可认为得到了均衡解，此时均衡解将介于系统最优与行人最优两种出口决策方案之间。

根据以上分析，最终应急疏散出口分配优化过程如下：

(1) 首先根据疏散场景中各疏散房间单元房门的初始位置数据以及各疏散出口位置数据，根据式(7-6)来计算行人最优决策模式中的出口集合即 x_1 向量，得到出口行人最优分配结果，列表向量中元素值即疏散出口的编号。

(2) 确定管理者出口决策模式中式(7-7)的相关参数。

(3) 结合每个疏散房间单元的初始位置与初始分配结果，根据式(7-7)来估算各房间单元位置到各个疏散出口的疏散时间。

(4) 根据到所有出口的疏散时间估算值，利用式(7-8)来计算疏散时间最短的出口，此时的出口选择则为疏散时间最短出口，将出口编号添加至 x_2 向量中。

(5) 重复第三步与第四步，多次迭代后当 x_2 向量值不再发生改变后，得到的即认为是疏散出口的系统最优分配结果，并将结果列表存储。

(6) 疏散房间单元依据系统最优原则进行出口分配结果，判断前后两次结果是否一致。如果一致则无须更改，进入第九步；如果不一致则进入第七步。

(7) 比较前后两次分配疏散出口之间的距离值，如果超过阈值则不改变行人出口选择，进入第八步；如果两出口距离小于阈值，则认为行人可以接受自身利益的损失以提高整体疏散效率，此时进入第九步。

(8) 此时根据房间编号计算各出口疏散时间值，若疏散时间小于系统最优则保持目标出口不变；否则，将行人出口设置为系统最优出口。

(9) 依据初始房间房门的位置分别进行行人最优与系统最优两种出口分配方案，并利用博弈协调的思想对两种方案进行比较，此时所得的出口分配结果是两种方案协调之后产生的最终出口分配结果。

7.4.2 实验分析

以研究场景办公楼为例并结合仿真模型对上述模型与出口分配优化算法进行验证。实验区域疏散出口示意图如图 7-26 所示，区域内共有 8 个应急疏散出口并通过单一通道连接。实验假定在紧急事件发生的情况下各个出口均能正常工作，各个疏散出口的大致宽度如表 7-3 所示。

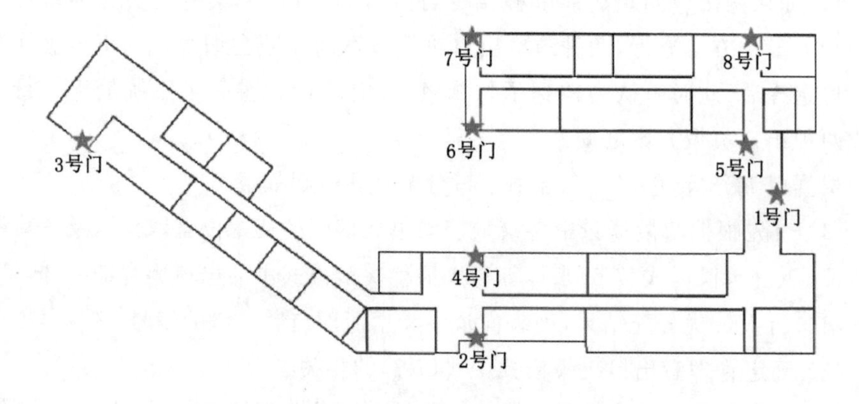

图 7-26 实验区域疏散出口示意图

表 7-3 各出口宽度统计表

出口编号	1号门	2号门	3号门	4号门	5号门	6号门	7号门	8号门
宽度/m	3	3	1.5	1.5	1.5	1.5	1.5	1.5

实验首先依据房门的位置到各疏散出口的距离来选择行人最优模式下的出口决策结果。行人最优出口分配结果如图 7-27 所示。图中所示即办公楼一二层在行人均匀分布状况下，以行人利益最优计算的疏散出口分配结果。

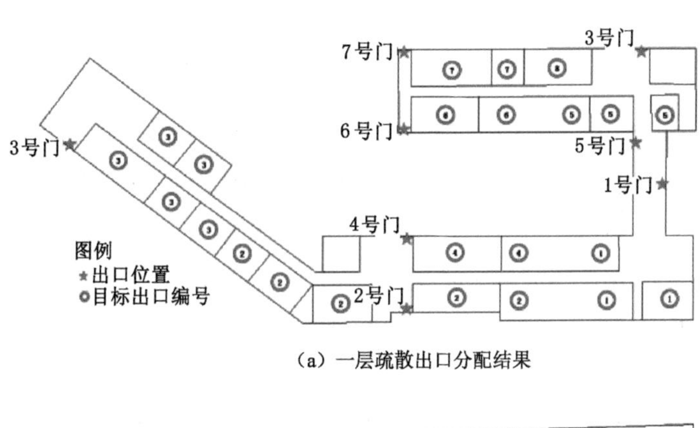

(a) 一层疏散出口分配结果

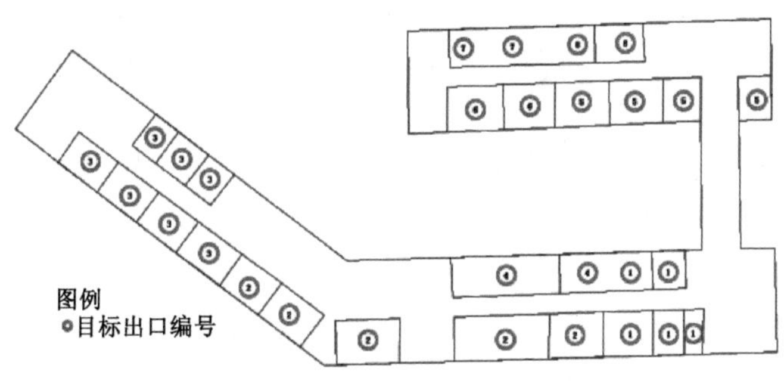

(b) 二层疏散出口分配结果

图 7-27 行人最优出口分配结果

初始分配结果与现实中紧急疏散路线图基本一致，因而实验选择以行人利益最优作为初始出口分配结果与优化方法计算后的分配结果进行比较，以验证方法的有效性。首先以行人利益最优的出口分配结果，利用仿真程序进行一次仿真，并记录各出口最后一人通过时的疏散时间，如表 7-4 所示。由表 7-4 可以看出，最早完成疏散的 8 号门因为疏散人数较少最早完成疏散，而最迟完成疏散的 1 号门虽然距离 8 号门不远但却承担了更为繁重的疏散任务，因而出现了出口分配利用不均衡的问题。系统最优主要考虑了出口宽度与所有行人的位置来调度不同行人选择不同疏散出口，通过优化方法既能考虑行人利益，同时能够在一定程度上解决出口利用不均的问题。

表 7-4 行人最优模式下各出口疏散结果统计表

出口编号	1 号门	2 号门	3 号门	4 号门	5 号门	6 号门	7 号门	8 号门
人员数量	175	129	154	105	128	107	105	75
疏散时间/s	79	75	77	70	71	72	71	65

利用上节所述方法对初始疏散出口分配结果进行优化，优化后的出口分配方案能够完成行人最优与系统最优之间的利益协调，最终实现行人疏散效率的优化。将采取优化方法后的出口分配结果作为优化后分配结果与原始分配结果进行对比，优化前原始分配结果如图 7-27 所示，优化前根据行人位置进行出口分配并利用仿真模型进行疏散仿真，由于楼内建筑结构故选择 1 号门与 3 号门疏散的行人较多；相较于 3 号门，行人经 1 号门疏散需要多一个楼梯口转弯这也导致了最终疏散时间相对较长，类似的情况还包括 2 号门与 4 号门、6 号门与 7 号门。经上述方法优化后分配结果如图 7-28 所示。优化后发生出口变化的房间单元用正方形标号表示，一、二两层楼中原始目标出口为 1 号门的位置(A104 与 A105 房间部分单元)优化后的新出口分别为 4 号门与 2 号门，减少通过 1 号门的行人数量，降低拥堵并加快疏散速度，同时行人疏散距离并无较多地增加；原先目标出口为 3 号门的行人需要选择 2 号门进行疏散逃生，2 号门与 3 号门出口宽度相同但 C 区仅有一个疏散出口故疏散人数多；二层 B205 房间与 C207 房间则需要分别更换为 8 号门与 4 号门进行逃生。相对其他房间来看，选择 6 号门与 7 号门进行疏散的行人由于距离其他出口较远且所处房间结构单元独立，故最终并无出口变动。

利用仿真模型来验证优化效果，各出口的疏散人数与最终疏散时间统计如表 7-5 所示。优化后的疏散出口分配综合考虑了出口疏散人员数量、出口宽度以及行人到疏散出口处的疏散距离，保证在疏散行人可以接受的条件下尽可能地提高疏散效率，以保证疏散人员尽早逃生。从表中可以分析得出经过优化后的出口分配结果能够适当疏导行人密度较高出口，将行人引导至疏散人数较少(人员密度较低)的出口。结合整体疏散时间来看，优化前最终总体疏散时间为

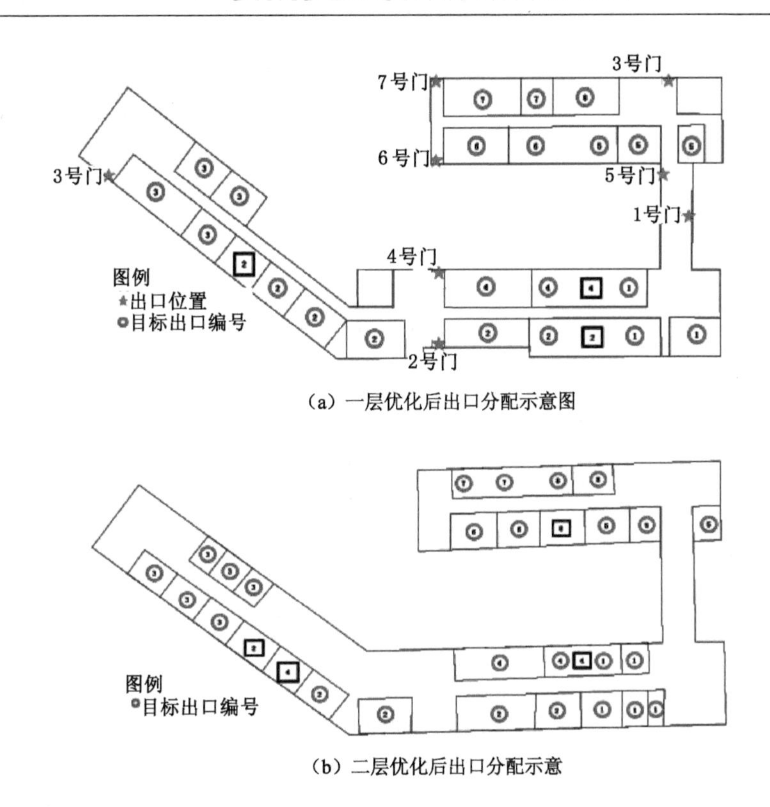

(a) 一层优化后出口分配示意图

(b) 二层优化后出口分配示意

图 7-28　优化后出口分配结果

79 s,优化后仿真中疏散时间缩短为 77 s,意味着疏散效率的提高;计算优化前后各疏散出口时间方差可以分析出口利用的均衡性,分别结合表 7-4 与表 7-5 计算优化前后各出口疏散时间的方差为 19.4 s 以及 11.4 s,这一结果则意味着不同疏散出口之间的疏散时间差距缩小,实验采用的方法能够合理引导行人、提高疏散出口利用率。

表 7-5　优化后各出口疏散结果统计表

出口编号	1 号门	2 号门	3 号门	4 号门	5 号门	6 号门	7 号门	8 号门
人员数量	158	138	138	129	117	107	105	86
疏散时间/s	76	77	74	74	68	72	71	68

参考文献

[1] HELBING D, MOLNÁR P. Social force model for pedestrian dynamics [J]. Physical Review E,1995,51(5):4282.

[2] HELBING D,BUZNA L,JOHANSSON A,et al. Self-organized pedestrian crowd dynamics:experiments,simulations,and design solutions[J]. Transportation Science,2005,39(1):1-24.

[3] GARCIMARTIN A,PASTOR J M,FERRER L M,et al. Flow and clogging of a sheep herd passing through a bottleneck[J]. Physical Review E, Statistical,Nonlinear,and Soft Matter Physics,2015,91(2):022808.

[4] GROOTHOFF N,HONGLER M O,KAZANSKY P,et al. Transition and self-healing process between chaotic and self-organized patterns observed during femtosecond laser writing[J]. Optics Express,2015,23(13):16993-17007.

[5] 何民,韩智泉,于海宁,等. 考虑同伴群动态交流分组的行人仿真模型研究[J]. 交通运输系统工程与信息,2017,17(2):136-141.

[6] 张开冉,杨树鹏,何琳希,等. 基于社会力模型的车站负重人群疏散模拟研究[J]. 中国安全科学学报,2017,27(1):30-35.

[7] NI B C,LI Z,ZHANG P,et al. An evacuation model for passenger ships that includes the influence of obstacles in cabins[J]. Mathematical Problems in Engineering,2017,2017:1-21.

[8] 钟少波,余致辰,杨永胜,等. 基于社会力模型的机场人员疏散建模研究[J]. 系统仿真学报,2018,30(10):3648-3656.

[9] 陶政广,王维莉,胡志华,等. 考虑分类人群行为的建筑疏散模型研究[J]. 计算机工程与应用,2019,55(7):265-270.

[10] LI S Y,ZHUANG J,SHEN S F,et al. Driving-forces model on individual behavior in scenarios considering moving threat agents[J]. Physica A: Statistical Mechanics and Its Applications,2017,481:127-140.

[11] 段晓东,王存睿,刘向东. 元胞自动机理论研究及其仿真应用[M]. 北京:科学出版社,2012.

[12] TOFFOLI T,MARGOLUS N. Cellular automata machines[M]. [S. l]:

The MIT Press,1987.

[13] SCHADSEHNEIDER A. Cellular automation approach to pedestrian dynamics theory[J]. Pedestrian and Evacuation Dynamics,2001:75-86.

[14] GUO R Y. New insights into discretization effects in cellular automata models for pedestrian evacuation[J]. Physica A:Statistical Mechanics and Its Applications,2014,400:1-11.

[15] 张鑫龙,陈秀万,李怀瑜,等. 一种改进元胞自动机的人员疏散模型[J]. 武汉大学学报·信息科学版,2017,42(9):1330-1336.

[16] 王茹,周磊,刘俊. 基于改进蚁群算法的元胞自动机疏散模型研究[J]. 中国安全科学学报,2018,28(1):38-43.

[17] 江雨燕,刘军. 基于元胞自动机的普通超市火灾疏散模型的构建[J]. 计算机应用研究,2019,36(11):3330-3333.

[18] HU J,YOU L,ZHANG H,et al. Study on queueing behavior in pedestrian evacuation by extended cellular automata model[J]. Physica A:Statistical Mechanics and Its Applications,2018,489:112-127.

[19] 郭良杰,赵云胜. 基于元胞自动机模型的人员疏散行为模拟[J]. 安全与环境工程,2014,21(4):101-106.

[20] PEREIRA L A,BURGARELLI D,DUCZMAL L H,et al. Emergency evacuation models based on cellular automata with route changes and group fields[J]. Physica A: Statistical Mechanics and Its Applications, 2017,473:97-110.

[21] 金泽人,阮欣,李越. 基于元胞自动机的火灾场景行人流疏散仿真研究[J]. 同济大学学报(自然科学版),2018,46(8):1026-1034.

[22] 姜兰,黄海坤,孙佳. 基于元胞自动机的人员疏散模型的改进研究[J]. 安全与环境学报,2019,19(6):2074-2081.

[23] ELZIE T,FRYDENLUND E,COLLINS A J,et al. Panic that spreads sociobehavioral contagion in pedestrian evacuations [J]. Journal of the Transportation Research Board,2016,2586(1):1-8.

[24] LI D W,HAN B M. Behavioral effect on pedestrian evacuation simulation using cellular automata[J]. Safety Science,2015,80:41-55.

[25] 刘金琨,尔联洁. 多智能体技术应用综述[J]. 控制与决策,2001,16(2):133-140.

[26] 张学锋,张成俊,白晨曦,等.基于智能体技术的多重灾难人员疏散感知模型[J].系统仿真学报,2016,28(3):534-541.

[27] 陈迎欣.基于 Multi-agent 的地铁站内人群应急疏散交互研究[J].计算机应用与软件,2013,30(10):226-228.

[28] 赵雪,胡玉玲.被疏散者行为的模糊建模与仿真研究[J].中国安全科学学报,2015,25(8):56-61.

[29] 张健钦,成渊昀,杜明义,等.一种人群疏散模型的改进及轻量实现[J].测绘科学,2017,42(5):183-189.

[30] RENDÓN ROZO K, ARELLANA J, SANTANDER-MERCADO A, et al. Modelling building emergency evacuation plans considering the dynamic behaviour of pedestrians using agent-based simulation[J]. Safety Science, 2019, 113:276-284.

[31] 席健,吴宗之,梅国栋.基于 ABM 的矿井火灾应急疏散数值模拟[J].煤炭学报,2017,42(12):3189-3195.

[32] BASAK B, GUPTA S. Developing an agent-based model for pilgrim evacuation using visual intelligence: a case study of Ratha Yatra at Puri[J]. Computers, Environment and Urban Systems, 2017, 64:118-131.

[33] 杨正国.浅谈大型公众聚集场所应急疏散预案制定中的几个问题[J].消防科学与技术,2003,22(5):401-402.

[34] BURSTEDDE C, KLAUCK K, SCHADSCHNEIDER A, et al. Simulation of pedestrian dynamics using a two-dimensional cellular automaton[J]. Physica A: Statistical Mechanics and Its Applications, 2001, 295(3/4):507-525.

[35] ZHU K J, YANG L Z, ZHAN X, et al. Comparative study of evacuation efficiency using stairs and elevators in high-rise buildings[J]. Journal of Applied Fire Science, 2013, 23(1):105-113.

[36] 赵薇.基于多主体的城市轨道交通车站应急疏散引导研究[D].北京:首都经济贸易大学,2016.

[37] 赵薇.公共场所人员应急疏散引导研究[J].中国安全生产科学技术,2016,12(9):164-170.

[38] 李宁川.地铁站行人引导标识优化设置研究[D].成都:西南交通大学,2017.

[39] 廖慧敏,罗小娟,苏红.教学楼火灾疏散的标识认知应对规律研究[J].中国

安全生产科学技术，2019，15(8)：131-136.

[40] 穆娜娜，史聪灵，胥旋，等. 地铁站台导流栏杆对人员疏散的影响研究[J]. 中国安全生产科学技术，2018，14(12)：175-179.

[41] 益朋，钟兴润，岳鹏坤. 购物中心出口障碍物对应急疏散的影响[J]. 消防科学与技术，2020，39(1)：62-66.

[42] 吕杰锋，陈建新，徐进波. 人机工程学[M]. 北京：清华大学出版社，2009.

[43] MOUSSAÏD M，HELBING D，THERAULAZ G. How simple rules determine pedestrian behavior and crowd disasters[J]. PNAS，2011，108(17)：6884-6888.

[44] Fruin J. Pedestrian planning and design[M]. New York：Elevator world，1971.

[45] 王洪源. Unity3D 人工智能编程精粹[M]. 北京：清华大学出版社，2014.

[46] REYNOLDS C W. Steering behaviour for autonomous characters[J]. Proc of Game Developers Conference，1999：763-782.

[47] 方叶林，黄震方，陈文娣，等. 2001—2010 年安徽省县域经济空间演化[J]. 地理科学进展，2013，32(5)：831-839.

[48] 禹文豪，艾廷华. 核密度估计法支持下的网络空间 POI 点可视化与分析[J]. 测绘学报，2015，44(1)：82-90.

[49] 吕安民，李成名，林宗坚，等. 人口密度的空间连续分布模型[J]. 测绘学报，2003，32(4)：344-348.

[50] O'SULLIVAN D，WONG D W S. A surface-based approach to measuring spatial segregation[J]. Geographical Analysis，2007，39(2)：147-168.

[51] MACIEJEWSKI R，RUDOLPH S，HAFEN R，et al. A visual analytics approach to understanding spatiotemporal hotspots[J]. IEEE Transactions on Visualization and Computer Graphics，2010，16(2)：205-220.

[52] 许宁，尹凌，胡金星. 从大规模短期规则采样的手机定位数据中识别居民职住地[J]. 武汉大学学报·信息科学版，2014，39(6)：750-756.

[53] 程薇，吴健平. 国外犯罪时空分布研究综述[J]. 世界地理研究，2013，22(2)：151-158.

[54] 胥旋，史聪灵，伍彬彬，等. 人群分区疏散优化算法研究[J]. 中国安全生产科学技术，2016，12(11)：153-158.